中职学生安全教育

主　编　王钟宝

副主编　刘继明　时小勇　魏　巍

参　编　胡桂兰　姚　芸　周美巧　林晓伟
　　　　邓志民　马纪孝　何丹江　赵心烨
　　　　袁益飞　陈玲俐　高燕萍　李理丰

北京理工大学出版社
BEIJING INSTITUTE OF TECHNOLOGY PRESS

内 容 摘 要

本书共三篇。第一篇为基础常识，主要内容有校园安全、网络安全、心理健康、交通安全、消防安全、生活安全、自然灾害7大模块；第二篇为实训实习，第三篇为求职创业。

本书的最大特色是通过大量生动形象的"案例导入"，要求同学进行"案例思考"。通过问题的方式引导学生学习各种安全知识的"预防措施"和"补救措施"，有学生"需注意"和"必学习"安全知识点，也有学生"必掌握"的技能点，同时书中配套了许多生动形象的图片，力求全面翔实、通俗易懂、易学易会，希望学生通过各种安全教育知识学习，掌握遇到安全问题时的正确处理方法，提高中职生的自我保护意识和自我保护能力。

本书可作为中等职业技术学校的安全教育教材，也可作为普高的安全教育读本，也适用于企业培训部门对员工进行安全生产培训，同时也可作为广大读者安全知识方面学习的自学用书。

图书在版编目（CIP）数据

中职学生安全教育 / 王钟宝主编. —北京：北京理工大学出版社，2020.12

ISBN 978-7-5682-9470-6

Ⅰ.①中…　Ⅱ.①王…　Ⅲ.①安全教育—中等专业学校—教材　Ⅳ.①G634.201

中国版本图书馆CIP数据核字（2021）第017158号

出版发行 / 北京理工大学出版社有限责任公司

社　　址 / 北京市海淀区中关村南大街5号

邮　　编 / 100081

电　　话 /（010）68914775（总编室）

　　　　　（010）82562903（教材售后服务热线）

　　　　　（010）68948351（其他图书服务热线）

网　　址 / http://www.bitpress.com.cn

经　　销 / 全国各地新华书店

印　　刷 / 定州市新华印刷有限公司

开　　本 / 787毫米×1092毫米　1/16

印　　张 / 11.5　　　　　　　　　　　　　　　责任编辑 / 时京京

字　　数 / 292千字　　　　　　　　　　　　　文案编辑 / 时京京

版　　次 / 2020年12月第1版　2020年12月第1次印刷　责任校对 / 刘亚男

定　　价 / 37.00元　　　　　　　　　　　　　责任印制 / 边心超

人最宝贵的莫过于生命。人的生命安全越来越受到重视，特别是在校学生的安全问题越来越受到关注。在学生学习阶段就对学生进行各类安全教育，可以提高学生安全意识，形成一种基本的安全素质能力。那么学校一定可以避免许多悲剧，家庭可以避免许多不幸，社会更加和谐。

本书具有以下几个特点：

1. 安全教育种类全面。本书共三篇，第一篇为基础常识，主要内容有校园安全、网络安全、心理健康、交通安全、消防安全、生活安全、自然灾害7大模块；第二篇为实训实习，第三篇为求职创业。

2. 案例导入引发思考。本书的最大特色是通过生活实践中发生的安全"案例导入"，通过案例提高学生学习兴趣，同时要求学生通过"案例思考"，从"要我学"转化成"我要学"，充分发挥学生自学的主动性和积极性。

3. 问题引导掌握知识。通过问题引导的方式让学生学习各种安全知识的"预防措施"和"补救措施"。"预防措施"中主要是各类安全中需注意和必学习的安全知识，"补救措施"中主要是各类安全中学生必掌握的技能点。希望通过各种安全教育知识学习，掌握遇到安全问题时的正确处理方法，提高中职生的自我保护意识和自我保护能力，保证自己和他人的生命和财产安全。

4. 精美图片揭示要点。每一讲的安全知识均配备了几幅精美图片，这些图片揭示了各类安全知识的核心要点，让学生一目了然，铭记于心。

本书由浙江省永康市职业技术学校、丽水市职业高级中学、绍兴市中等专业学校、浙江省平湖技师学院、浙江省德清县职业中等专业学校、海宁市职业高级中学6所学校16位老师共同编写完成，王钟宝担任主编，刘继明、时小勇、魏巍担任副主编，胡桂兰、姚芸、周美巧、林晓伟、邓志民、马纪孝、何丹江、赵心烨、袁益飞、陈玲俐、高燕萍、李理丰参编。本书可作为中等职业技术学校的安全教育教材，也可作为普高的安全教育读本，也适用于企业培训部门对员工进行安全生产培训，同时也可作为广大读者安全知识方面学习的自学用书。

尽管我们力求完美，但由于水平有限，书中难免有不足之处，敬请读者不吝赐教。

编　者

Contents
目录

基础常识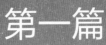

模块 一 校园安全

第一讲　预防运动意外

运动能促进人的身体健康，缓解不良情绪，运动健身也有很多不同的方式方法，如慢走、跑步、器械锻炼等。日常生活中很多人会选择运动来强身健体，在运动过程中偶尔也会发生运动意外，扭伤、骨折，严重的会导致猝死。因此，科学合理的运动，强身健体的同时也要预防运动意外的发生。

案例导入

【案例1-1】随意抓篮筐摔骨折

某年11月12日上午第三节体育课上课前，在张老师整队集合准备上课时，同学们听到集合的口令后陆续进行排队。可是，正在打篮球的王同学却突然跳起抓篮筐，由于起跳高度不够，篮筐没有抓到，王同学从空中直接摔倒在地，导致右手前臂骨骨折。见此情景，张老师迅速赶到王同学身边察看伤情，对其骨折的手臂进行了简单的固定，同时拨打了120急救电话。据事后了解，王同学的手臂经过手术后恢复良好，花去医药费共计6万多元。

【案例1-2】晨跑大意扭伤脚踝

某年12月3日早晨跑操时，张同学在跑步过程中鞋底打滑，脚踝扭伤，班主任和另外两名同学及时搀扶张同学到洗手间用冷水冲洗扭伤的脚踝，同时拨打了120。到医院进行检查后，所幸脚踝骨并没有受伤，只是脚踝部的韧带和肌腱拉伤充血，需要卧床休养一段时间。

案例思考

1.王同学右手臂骨折的原因是什么？

2.张同学晨跑扭伤脚踝的原因是什么？

预防措施

需注意：运动事故意外时有发生的因素有哪些？

为何运动意外事故会时有发生呢？造成运动意外事故主要有五个因素。

一是保护防护缺失，很多人在运动过程中缺少自我保护和防护措施，单独使用器械锻炼或者踢足球不戴护腿板，这些行为往往存在较大的安全隐患。

二是运动环境不良，运动场地不平整，破旧的运动器械，都会对运动中的人造成安全威胁。

三是思想认识松懈，运动过程中注意力不集中，互相打闹，互相追逐，也会造成运动意外。

四是身体状态欠佳，出现感冒发热等症状进行运动，有先天性疾病不遵医嘱进行运动，会存在很大的运动意外风险。

五是准备活动不充分，运动前不做准备活动或准备活动不充分，会大大增加肌肉拉伤和关节扭伤的概率。

必学习：运动前应先了解哪些知识？

1.做好自我保护和防护措施

运动前做好自我保护和防护措施，不要独自一人在单双杠场地进行运动，进行踢足球和打橄榄球等有肢体冲撞的运动时要戴好相应的护具，不到户外不熟悉的自然环境中进行运动。

2.检查运动场地和设施设备

运动前要仔细检查运动场地和设施设备，运动场地要坚硬平整，没有过多的石块和水坑，运动设施设备是否存在着年久失修的安全隐患，要确保运动设施设备各个零部件的牢固。

3.充分了解自己的身体状态

运动前要充分了解自己的身体状态，不在身体健康状况不佳的情况下进行运动，人们常说的感冒发热时进行运动，出汗以后疾病就会消失的说法是错误的，当身体健康状况不佳时应积极休息，不适宜参加体育运动。

4.运动前充分做好准备活动

运动前可先慢跑10~15分钟至微出汗，充分拉伸韧带和活动身体的各个关节，通过准备活动唤醒肌肉和心肺功能的活力，使人体各个器官达到最佳的运动状态，从而减少运动意外的发生。

补救措施

必掌握：发生运动意外时如何施救？

发生运动意外时，现场及时科学处理，不但会缓解伤者的疼痛，而且更有利于后期的继续救治。

常见的运动意外有肌肉痉挛、肌肉拉伤、关节扭伤、骨折等，出现运动意外损伤应立即科学处理施救，同时送医院诊治。

（1）当运动过程中发生肌肉痉挛时，应立即停止运动，牵引痉挛肌肉，补充水分、适量的淡盐水等。

（2）当运动过程中发生肌肉拉伤、关节扭伤的情况时，应立即进行休息，冷敷10~20分钟，抬高伤肢30厘米，如果有条件的用绷带进行"8"字固定，送医院诊治。

（3）当运动过程中发生骨折时，应立即用夹板、三角巾对骨折部位进行固定，送医院诊治。固定的目的是减少因损伤而造成的致残率，也利于对伤者进行搬运。

学以致用

1. 运动过程中发生意外，你该如何自救？
2. 如遇他人发生运动意外，如何对其进行施救？

第二讲　预防校园踩踏

踩踏事故会造成损伤人数多，伤情重，身体多处受伤。多人同时上下楼梯，参加大型集会，上卫生间，或去食堂打饭，如果过度拥挤，只要部分人因行走或站立不稳而跌倒未能及时爬起，被人踩在脚下或压在身下，短时间内无法及时控制的混乱场面，就会发生踩踏事故。那么，我们如何预防踩踏事故的发生呢?

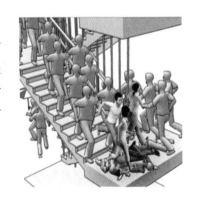

案例导入

【案例1-3】学生上厕所发生踩踏

2017年3月22日上午，河南省濮阳县某学校当日组织月考，考试前多名学生前往厕所，多名学生拥堵在狭小的厕所空间，导致踩踏事件的发生，事故共造成22名学生受伤，其中5人重伤，1人在送往医院途中死亡。

【案例1-4】超市开业促销发生踩踏

2019年9月4日上午，四川省巴中市巴州区某购物中心在开业促销活动中，众多群众排着长队在超市大门前等待开门参与开业惠民活动。当超市管理人员打开大门，去超市购物的人流从楼梯涌入时发生踩踏事件。事故致使16名群众不同程度受伤，其中1名群众伤势较为严重。受伤群众随即被送往巴中市中心医院救治。

案例思考

1.学生上厕所发生踩踏的原因是什么?
2.超市开业做促销时发生踩踏的原因有哪些?
3.如何做好预防踩踏措施?

预防措施

需注意：为何校园踩踏事件会时有发生?

为何会发生校园踩踏事故? 造成校园踩踏事故的发生主要有两个因素。

（1）环境因素。空间有限而人群又相对集中的场所容易发生踩踏事故，校园内楼道、卫生间、体育场馆、食堂在某一时间是人员相对集中的场所，如活动组织无序很容易发生踩踏事故。

（2）人为因素。人群情绪过于激动，心理恐慌、对发生事件存在好奇心理，在楼道内打闹，摔倒；组织集会时为看得更清楚后排人群向前拥挤，都会提高踩踏事故发生的概率。

必学习：如何预防校园踩踏事故的发生？

1.学习专题知识，提高安全意识

认真学习安全教育知识，上好每一节安全教育课，了解处在危险环境中如何自救和施救，掌握一项或几项救护技能，提高自己的安全防范意识。

2.养成良好习惯，遵守公共秩序

养成良好的行为习惯，上下楼梯靠右侧通行，禁止在行走过程中互相追逐打闹、互相推搡；参加大型集会活动听从指挥，有序排队，遵守公共秩序。

3.参加疏散演练，掌握防护技能

积极参加学校组织的逃生避险疏散演练，按照逃生疏散演练的各项规格严格要求自己，认真书写逃生疏散演练感想，掌握必要的逃生演练技能，提高自己遇险自救能力。

预防措施

必掌握：专家详解发生踩踏事故如何施救？

发生踩踏事故时，要保持沉着冷静，不要慌张，听从指挥，有序从事故现场撤离。

（1）被人群拥挤前行时，要撑开手臂放在胸前，背向前弯，形成一定的空间，以保持拥挤过程中呼吸畅通。

（2）当发现拥挤的人群向自己行走的方向涌来时，应立即躲避到一旁，不要慌乱，不要奔跑，避免摔倒；一旦发现自己前面有人突然摔倒，马上停下脚步大声呼救，告知后面的人不要向前靠近。

（3）当发生人群拥挤时，要顺着人流前进，切不可逆着人流行走，否则，很容易被人流推倒；若不幸被人流拥挤摔倒，要设法靠近墙角，身体蜷缩成球状，双手在颈后紧扣保护身体最脆弱的部位。

（4）运用人体麦克法疏散拥挤人群，距离踩踏事故中心的一人开始喊1、2，两人同时喊后退、后退，两人喊1、2，三人同时喊后退、后退，以此类推，直到现场所有人在指挥下都加入喊"后退、后退！"。

学以致用

1.发生踩踏事故时，你该如何自救？

2.如遇踩踏事故时，该如何组织人群疏散并施救？

第三讲　预防校园偷盗

校园里有时会发生一些同学丢失物品的不良事件，丢失的物品大到手机、数额不等的现金，小到手机充电宝、生活用品等，给同学们造成了一定的财产损失，也给同学们带来了生活上的不便。那么我们应如何保护好自己的财物、预防校园偷盗呢？

案例导入

【案例1-5】教室内丢失财物

某年5月20日吃完中午饭，张同学回到自己座位上，打开书包找零钱去买水，发现放在书包里的200元现金不见了。于是，他马上向班主任报告。经过班主任的多番调查，最后确定是班里的一位王同学趁所有人去吃饭的空当，到小张书包里偷偷拿走了他的200元现金。经过班主任和家长的耐心教育，王同学也认识到了自己的错误，受到了校规校纪的惩罚。

【案例1-6】教师办公室被盗

某年6月9日早晨张老师刚到办公室，发现办公桌抽屉被撬开，放在抽屉里的19部手机全部被盗。张老师马上汇报给学校领导，学校领导随即报警，经过民警的全力摸排调查，最后，追回19部手机，涉案人员全部落网。据悉，参与盗窃的两人曾是张老师班上的学生，高一入学后不久便退学了。

案例思考

1.校园哪些场合容易发生偷盗？
2.发生校园偷盗应该怎么办？

预防措施

需注意：为何校园偷盗时有发生？

为何校园偷盗会时有发生呢？校园偷盗的发生主要有三个因素。

1.防范意识松懈

很多学生对校园偷盗的防范意识松懈，带来的财物随意放置，取用财物时不分场合，不遮蔽，缺乏警惕性，为偷盗分子创造了便利条件。

2.法治观念淡薄

一些学生不学法，不懂法，行为随意，不知不觉中竟走向了犯罪的道路。

3.校园安保不严

校园保安素质参差不齐，不认真巡查校园，陌生人随意进出校园，都是造成校园偷盗发生的隐患。

必学习：如何预防校园偷盗的发生？

1.个人防范

做好个人防范，不要将贵重物品带入学校，不随身携带大量的现金，确需带贵重物品和现金的，也要将以上物品锁入密码箱或隐秘之处。不炫富，不在人前摆弄自己的贵重物品。

2.遵纪守法

遵守校纪校规，规范自己的行为，学习掌握相关的法律法规，知法懂法。未经他人允许而随意占用他们财产即可以视为偷窃，因数额巨大而触犯相关法律的，就要受到法律的严惩。

3.加强巡察

校园安保人员应加强校园及周边的安全巡查，定期检修校园监控设备。防止校外无关人员随意进出校门，严禁宿舍留宿校外无关人员。进出寝室和教室要随手关门。做好校园的人防、物防和技防。

补救措施

必掌握：发生校园偷盗如何处理？

一、偷盗的处理条例

《中华人民共和国刑法》第二百六十四条："盗窃公私财物，数额较大的，或者多次盗窃、入户盗窃、携带凶器盗窃、扒窃的，处三年以下有期徒刑、拘役或者管制，并处或者单处罚金；数额巨大或者有其他严重情节的，处三年以上十年以下有期徒刑，并处罚金；数额特别巨大或者有其他特别严重情节的，处十年以上有期徒刑或者无期徒刑，并处罚金或者没收财产。"

《中华人民共和国治安管理处罚法》第四十九条："盗窃、诈骗、哄抢、抢夺、敲诈勒索或者故意损毁公私财物的，处五日以上十日以下拘留，可以并处五百元以下罚款；情节较重的，处十日以上十五日以下拘留，可以并处一千元以下罚款。"

二、发生校园偷盗的处理

当发现自己财物被偷盗，保持沉着冷静，保护好现场并及时报告老师或民警，会为后续破案提供大量有价值的线索。

（1）当发现自己的财物被偷盗以后，应保持沉着冷静，回忆自己的财物确切的放置位置，财物遗失的具体时间，及时向老师报告，通过察看监控查找。

（2）当发现自己的财物被偷盗以后，要保护好现场，如数额巨大，应及时报警，通过公安机关立案查找。

（3）当发现自己的财物被偷盗以后，切莫自行处理，在无任何证据的情况下怀疑他人，以免引发同学之间的矛盾。

学以致用

1.当发现自己的财物被偷盗后，该如何处理？

2.如何预防校园偷盗的发生？

第四讲 预防校园欺凌

近年来，各校加强了学生行为规范教育和法制教育。只是个别性格顽劣的学生不严格要求自己，经常会违反校纪校规，以各种方式欺凌其他学生。那么，面对校园欺凌，我们应该怎么办呢？

案例导入

【案例1-7】上学路上遭勒索

2005年6月22日，沈阳市新城子区某村的4名学生因上学路上遭到校外不良少年勒索财物而不敢去上学，向学校请病假躲在家中。据校长透露，不良少年拦路向学生勒索钱财的现象在学校周边时有发生，若学生拒绝，则会遭到殴打。这些不良少年因年龄小、情节轻而够不上刑事处罚。而被勒索的学生和家长往往也不向学校和派出所反映情况。

【案例1-8】校园暴力致男学生被刺死

2019年5月10日上午，江西省上饶市发生一起校园暴力致学生死亡案件。据了解，事情的经过是，女生被男同学欺负，随后女孩父亲在老师的安排下与男同学父母协调，然而，男同学父母直接无视，根本没有把自己孩子的"霸凌"行为当回事。随后，悲剧发生了，女孩父亲一气之下将男同学刺死！

案例思考

1.从各种校园欺凌的案例中，你发现了哪些问题？

2.校园暴力致男学生被刺死的原因是什么？

预防措施

需注意：预防校园欺凌的方法有哪些？

1.穿着朴素

学习用品、穿着打扮应朴素节俭，不要过分招摇，过于铺张浪费和穿着时髦容易引起别人的嫉妒心，吸引不良少年的欺凌行为。

2.避免冲突

把主要的精力用在提高自己的学业成绩上，不要去挑逗比较霸道和强悍的学生，在学校尽量避免与同学发生冲突，如与他人发生矛盾，要及时报告老师，由老师出面调解。

3.行为文明

与同学和谐相处，注意自己的言行，不说脏话，不随便接话，在公共场所要有序排队，与他人交往要使用礼貌用语。

4.自信自强

如果你在某些方面与别人不一样，这也没有什么关系。自信会形成坚实的自我价值感，要认同自己，感到自己也同样值得尊重。参加自卫训练可以提高自己的自我尊严，减小成为受欺负者的可能。

必学习：校园欺凌的形式有哪些？

1.肢体欺凌

推撞、拳打脚踢、扇耳光以及抢夺财物等，是直接可视的欺凌形式。

2.言语欺凌

当众嘲笑、辱骂以及替别人取侮辱性绰号等，是不容易察觉的欺凌形式。

3.社交欺凌

孤立以及令其身边没有朋友等，是不容易察觉的欺凌形式。

4.网络欺凌

在网络发表对受害者不利的网络言论、曝光隐私以及对受害者的照片进行恶搞等，是容易察觉的欺凌形式。

补救措施

必掌握：遇到校园欺凌应如何应对？

（1）如果遇到校园欺凌，首先可以大声警告对方，他们的所作所为是违法违纪的，会受到法律纪律严厉的制裁，会为此付出应有的代价。这样做的目的一是大声告诉周围的老师同学关注欺凌者的行为；二是欺凌者大都知道自己的行为不对，心虚，洪亮的声音可以起一个震慑作用。如果对方还是继续实施欺凌行为的话，应适当自卫，而不是忍受挨打。

自卫的原则不是以暴制暴打回去，而是同样起一个震慑作用，以行动告诉对方我们不是软弱可欺的。一般欺凌者都欺软怕硬，若看到被欺负对象奋起反抗，多会心虚而停止攻击行为，如果被欺负者默默忍受，反而会让其更加得意忘形，从而持续攻击行为，直到达到目的为止。如果反抗后对方仍未停止攻击，应该在自卫的同时大声呼救求助，并且寻找机会逃走，保护好自身安全是最重要的。

（2）如果遇到校园暴力，一定要沉着冷静，采取迂回战术，尽可能拖延时间。当你在公共场合受到一群人胁迫的时候，应该采取向路人呼救求助的方法，这种方法会免去一些麻烦。真正等到事情发生之后，到了一个封闭场所里面就比较难办了。如果呼救或者反抗的话，可能会招来更加激烈的一些暴力。

人身安全永远是第一位的，不要去激怒对方。唯一的就是麻痹对方，顺从对方的话去说，从其言语中找出可插入话题，缓解气氛，分散对方注意力，同时获取信任，为自己争取时间，寻找机会逃走，而不是准备在那儿忍受一切。

受到这种暴力以后，很多人都会被威胁不允许报案。当自己碰到这种事情一是不要沉默，二是不要以暴易暴，要拿起法律的武器捍卫自己。

（3）事情发生后，请保持冷静并把发生的情况告诉老师或家长。严重的暴力行为应及时报警，用法律来维护自身权益。

学以致用

1.当你遇到校园欺凌时，你会勇敢地站出来并且会冷静机智地应对吗？

2.你如何帮助校园中的弱势群体抵抗校园欺凌？

第五讲　预防校园诈骗

助人为乐是中华民族的美德，但是当陌生人向你借电话、借钱、借物时请提高警惕。特别是近年来，一些不法分子或利用网络、电信方面的一些漏洞，或利用学生自我防范意识淡薄、社会经验不足的心理，疯狂地进行财物诈骗，使一些学生无故蒙受损失。作为中职生，应该如何预防校园诈骗？

案例导入

【案例1-9】接到陌生电话被骗数千元

2018年6月的一天，李同学接到一个自称公安局禁毒队长的电话，说在寄给该同学的一个包裹中发现了数张同学本人的、内有数万元金额的银行卡，但是该包裹涉嫌贩毒洗钱，如要证明清白，需提供本人正确的银行卡和密码，待公安机关核对后会将包裹寄回。该同学信以为真，在电话中匆忙将自己的所有信息告知对方，当天，该同学银行卡中的数千元金额全部消失。

【案例1-10】获奖电话差点骗走几千元

2015年7月，一自称是"中国梦想秀"节目组工作人员打电话给某职校一名男生，祝贺他在该档节目中获得场外幸运奖，要求按指定账号汇款3 850元保证金，如不汇款，过期后本人将承担法律后果。因涉及法律责任，该生遂到学校保卫部门进行咨询，方知是骗局。

案例思考

1.当你接到电话要求提供银行卡号和密码时该怎么做？
2.当你接到幸运奖并要求交保证金时该如何做？

预防措施

需注意：学生受诈骗的原因有哪些？

在当今的校园里，学生上当受骗的事时有发生，究其原因，主要有以下几个方面：

1.思想单纯，分辨能力差

很多同学从小学、中学到上大学都有"十年寒窗"的经历，与社会接触较少，思想单纯，对一些人或者事缺乏应有的分辨能力，更缺乏刨根问底的习惯，对于事物的分析往往停留在表象上，或根本就不去分析，使诈骗分子有可乘之机。

2.感情用事，疏于防范

帮助有困难的人，这是我国的优良传统，是值得我们继承和发扬的。但如果不假思索地"帮"一个不相识或相识不久的人，这是很危险的。然而遗憾的是，有很多学生就是凭着那种幼稚、不作分析的同情、怜悯之心，一遇上那些自称走投无路急需你帮助的"落难者"，往往就会被骗子的花言巧语所蒙蔽，继而"慷慨解囊"，自以为做了一件好事，殊不知已落入骗子设下的圈套之中。

3.有求于人，粗心大意

每个人免不了求他人相助，但关键是了解对方的人品和身份。有些同学在有求于人，而有人愿"帮助"时，往往是急不可待，完全放松了警惕，对于对方提出的要求，往往是唯命是从，很"积极自觉"地满足对方的要求。

4.贪小便宜，急功求成

贪心是受害者最大的心理缺点。很多诈骗分子之所以屡骗屡成，很大程度上也正是利用人们的这种不良心态。受害者往往是为诈骗分子开出的"好处""利益"所深深吸引，自以为可以用最小的代价和付出，获得最大的利益和好处，见"利"就上，趋之若鹜，对于诈骗分子的所作所为不加深思和分析，不作深入的调查研究，最后落得个"捡了芝麻，丢了西瓜"的可悲下场。

必学习：校内诈骗作案的主要手段有哪些？如何预防诈骗案件发生？

一、校内诈骗作案的主要手段

1.假冒身份，流窜作案

诈骗分子往往利用假名片、假身份证与人进行交往，有的还利用捡到的身份证等在银行设立账号提取骗款。

2. 投其所好，引诱上钩

一些诈骗分子往往利用被害人急于就业和出国等心理，投其所好、应其所急施展诡计而骗取财物。

3. 真实身份，虚假合同

利用假合同或无效合同诈骗的案件，近几年有所增加。一些骗子利用高校学生经验少、法律意识差、急于赚钱补贴生活的心理，常以公司名义、真实的身份让学生为其推销产品，事后却不兑现诺言和酬金而使学生上当受骗。

4. 借贷为名，骗钱为实

有的骗子利用人们贪图便宜的心理，以高利集资为诱饵，使部分教师和学生上当受骗。

5. 以次充好，恶意行骗

一些骗子利用教师、学生"识货"经验少又苛求物美价廉的特点，上门推销各种产品而使师生上当受骗，或者利用网上购物的方式达成"不见面也行骗"的诈骗效果。

6. 招聘为名，设置骗局

为了减轻家庭负担，勤工俭学已成为不少大学生谋生求学的重要手段。诈骗分子往往利用这一机会，用招聘的名义对一些急于求职打工的学生设置骗局，骗取介绍费、押金、报名费等。

7. 骗取信任，寻机作案

许多诈骗分子常利用一切机会与大学生拉关系、套近乎，或表现出相见恨晚而故作热情，或表现得十分感慨以朋友相称，骗取信任后常寻机作案。

8. 编造谎言，骗取钱财

在车站、码头，甚至在校园内，经常发现一些青年人假冒从外地来本地实习的学生，装出一副可怜相，借口与同行的老师和同学失散，而学校又急电让其乘飞机返校，借此骗取大学生的钱财，且屡屡得逞。有的还以学生发生意外或生病急需用钱治病为由，骗取学生家长的钱财，也往往容易得逞。

二、预防诈骗案例发生

1. 提升防范意识，学会自我保护

学生要积极参加学校组织的法制和安全防范教育活动，多知道、多了解、多掌握一些防范知识。

2. 不贪图便宜、不谋取私利

在提倡助人为乐、奉献爱心的同时，要提升警惕性，不能轻信花言巧语；不要把自己的家庭地址等情况随便告诉陌生人，以免上当受骗；不能用不正当的手段谋求择业等；发现可疑人员要即时报告；上当受骗后更要即时报案、大胆揭发，使犯罪分子受到应有的法律制裁。

3. 谨慎交友，要有理智

对于熟人或朋友介绍的人，要学会"听其言，查其色，辨其行"，不能言听计从、受其摆布利用。交友最基本的原则有两条：一是择其善者而从之，真正的朋友应该建立在志同道合、高尚的道德情操基础之上，是真诚的感情交流而不是简单的利益关系，要学会了解、理解和谅解；二是严格做到"四戒"，即戒交低级下流之辈，戒交挥金如土之流，戒交吃喝嫖赌之徒，戒交游手好闲之人。

4. 相互沟通、相互协助

有些同学习惯于把个人之间的交往看作是个人隐私，一旦上当受骗后，无法查处。有些交往关系，在自己认为适合的范围内适当透露或公开，这也是安全的需要。

补救措施

必掌握：被诈骗后急救措施？

一、对诈骗的处罚条例

《中华人民共和国刑法》第二百六十六条规定："诈骗公私财物，数额较大的，处三年以下有期徒刑、拘役或者管制，并处或单处罚金；数额巨大或者有其他严重情节的，处三年以上十年以下有期徒刑，并处罚金；数额特别巨大或者有其他特别严重情节的，处十年以上有期徒刑或者无期徒刑，并处罚金或者没收财产。"

二、被诈骗后急救措施

1. 沉着冷静，及时止损

当被骗财物时，首先要保持沉着冷静的心态，千万不要慌张，明确被骗财物的数量，尽快联系银行或软件客服，要求冻结银行账户，及时制止损失。并同时拨打防诈骗热线2250000。

2. 保留证据，尽快报警

当发生网络诈骗时，一般都是通过各种手机软件，QQ、微信、电子邮件和网络游戏等与被害人联系，受害者要保留好聊天记录、转账信息与对方的联系方式，为报警提供有力的证据。

学以致用

1. 当遇到校园诈骗时，你该如何应对？

2. 将防校园诈骗知识传输给你身边的人，帮助他们一起树立防诈骗意识。

第六讲　预防敲诈勒索

敲诈勒索是指以非法占有为目的，对被害人使用威胁或要挟的方法，强行索要公私财物的行为。了解学习应对可疑陌生人的方法，提高自我防范意识，了解应对敲诈勒索的一般方法，提高自我保护能力是当代学生的必修课程。

案例导入

【案例1-11】每天纠缠收取保护费

学生小明在放学途中和同学发生冲突，一个叫陈某的少年恰好路过，帮小明打跑了对方。小明非常高兴，请陈某吃了一顿"肯德基"。但是陈某并没有满足，分手时，他拍了拍小明的肩说："以后就由我罩着你，谁欺负你，你尽管告诉我，我来修理他。但你每天要给我5元钱的保护费。"小明听了大吃一惊："我没有那么多钱。"陈某立刻变了脸色："你敢不给，我见你一次打你一次。"小明胆怯地答应了。

【案例1-12】非法社团组织敲诈勒索

一个青少年犯罪团伙，自称叫"龙社"。为首的徐某被称为"社长"，下设四个堂，四名恶少骨干分子被任命为"堂主"。然后，四名"堂主"四处招募"社员"，称：只要成为"社员"，如果被人欺负就可以由"组织"出面替"社员"摆平。但前提是每个"社员"每天必须交1元钱的"堂费"。

有些学生不愿意成为"社员"，恶少们就天天找这些学生的麻烦，采用殴打、敲诈、阻挠上学的方式迫使他们就范。一旦一些学生加入他们的组织，他们就采用利诱、逼迫、唆使的方法让这些学生去抢劫、敲诈其他的学生，使这些新"社员"成长为恶少。他们还将游戏机房和网吧视作自己的"势力范围"，向在此玩耍的青少年收取保护费。

案例思考

1.从案例中，我们可获得哪些启示？

2.碰到敲诈勒索时该如何应对？

需注意：敲诈勒索的特点有哪些？

（1）案发时间：晚上或午间，夜深人静的时候。
（2）案发地点：校园内比较偏僻、人少的地段。
（3）抢劫对象：阴暗处的人或单个的行人。
（4）攻击目标：现金和贵重物品。
（5）作案范围：比较熟悉的现场。
（6）作案特点：比较凶残，多携带武器。

必学习：应对敲诈勒索方法与技巧有哪些？

（1）反抗法。当对方力量与你相当或不及你时，你要寻找对方的薄弱之处，乘其不备，控制对方；如你发现地上有反击物（石块、木棒）时，可佯装蹲下系鞋带捡起震慑对方。

（2）感召法。通过讲道理，晓以利害，开启对方；或义正词严地怒目斥责对方，使其自我崩溃，放弃违法行为。

（3）周旋法。佯装服从，稳住对方，分散其注意力，寻机脱身报警。

（4）耍赖法。突然倒地打滚喊叫号哭，引来围观者，趁机报警。

（5）呼叫法。突然大吼"救命啊……"引来旁观者，伺机脱身。

（6）认亲法。当不远处有大人时可佯装认识，直呼"二叔""三婶"。

（7）放线法。佯装害怕，暂时答应对方条件，约定时间、地点交钱物，待对方离开后报警。

（8）抛物法。把书包或身上值钱的物品向远处抛去，当歹徒忙于捡钱物时，快速脱身报警。

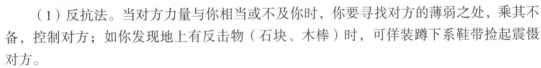

必掌握：遇到敲诈勒索如何应对？

1.委婉拒绝，想法脱身

如果有人向你敲诈勒索钱物，你暂时又无法脱身时，不要轻易答应对方的要求，可以借口身上没钱，约定时间地点再"交"，然后立即报告学校和公安机关。要相信警方、学校和家庭都能为你提供安全的保护，只有在这样的情况下，坏人才不敢威胁侵害你。如果屈服于对方，使敲诈者轻易得手，他们会永远盯上你这只"肥羊"。

2.沉着冷静，随机应变

如果是遭遇陌生人敲诈时要沉着冷静，并想方设法与歹徒周旋和拖延时间，使自己能够看清楚对方的相貌特征和周围的环境情况，以便自己能从容不迫地寻找脱离险境的有利时机。如果附近有人，可以边大声呼救，边向人多的地方跑，此时一般来说歹徒会闻声而逃。如果四周无人，呼喊或逃跑都无济于事，这时要先答应其要求或交出部分钱物，后及时向学校老师或司法机关报案。

3.安全第一，视情处理

在未脱离险境的情况下，切不可当面声称报警，免遭杀人灭口之祸。

在遇到抢劫时，如果没有十分的把握，一般不提倡采取正当防卫措施。因为歹徒在实施抢劫前，都是经过一番充分的准备，并且手里都持有凶器。而对于被抢劫者来说，从物质到精神上都毫无准备，再加上未成年人势单力薄，通常都是处于不利地位。所以从自身安全角度考虑，一定不要鲁莽行事，而要沉着冷静，随机应变，寻找机会脱离险境。尽量避免或减少不必要的伤亡。

4.不惧不怕，及时报警

遭到敲诈勒索以后，要立即向学校、公安机关报告，你越怕事，越不敢声张，不法之徒就越嚣张。及时报案，会使不法分子及时地受到应有的惩处，会及时地制止不法分子对你继续侵害，能及时地、最大限度地挽回你的经济损失。

学以致用

1.当遇到敲诈勒索时，你该如何应对？

2.将应对敲诈勒索的方法传输给你身边的人。

模块 二 网络安全

第一讲 网络诈骗

随着互联网的发展，网络购物等新型的消费方式逐渐走进人们的生活当中，坐在电脑前可以完成购物、咨询、贷款、充值等各类服务。网络一方面为大家的生活提供了很多便利，但另一方面，随之而来的网络诈骗也层出不穷。近几年，诈骗手段五花八门，不法分子们利用网络漏洞和人们的消费心理骗取钱财，造成大家一定程度上的经济损失，同时也导致大量个人信息和隐私曝光在网络当中。

案例导入

【案例1-13】网上购物退款骗局

2019年4月15日，杭州的陈同学接到一个自称是淘宝客服打来的电话，称他前几日在淘宝网上购买的商品因为网络支付故障，需要退款给他，并且还以短信的形式将退款链接发到陈同学的手机上。陈同学心想前天的确在淘宝上购物过，所以也就没有多想便点开了链接，根据网站提示输入了自己的银行卡号、支付密码、身份证号、短信验证码等信息。正当陈同学开心之余，他收到了银行的余额短信提醒，显示卡内的8 000元被转走了，余额只剩下32元。陈同学立马回拨了所谓的"淘宝客服"电话，但是该号码再也无法接通。陈同学这才意识到是被骗了。

【案例1-14】盗取学生聊天账号 向家长骗取补课费

2019年9月，小叶作为高一新生入读某高中，开学第一周学校安排了集体军训，在此期间所有同学不得使用手机，统一上交给班主任保管。军训第四天的晚上10点左右，小叶的妈妈忽然收到儿子发来的QQ留言："妈妈，学校在下周要开设语数英的周末补习班，我们很多同学都抢着报名，所以我也想报名参加补习提高成绩。现在学校只剩5个名额了，你马上扫描下面这张教务处老师的微信收费二维码，把2 300元的培训费转给老师，急！我现在要把手机还给班主任了，记得一定要转！"小叶的妈妈看到儿子这么想上补习班，毫不犹豫就扫了收款二维码将钱转了过去。事后才知，很多新生在高一入学前会提前加入学校的一些QQ或微信大群，有些骗子因此冒充学生号也混进群中，通过盗取部分同学的聊天软件账号对他们的亲友实施诈骗。

案例思考

1.结合案例1谈谈如何防止网络诈骗？

2.接到QQ或微信要求转账时该如何做？

预防措施

需注意：网络诈骗的常见特点有哪些？

网络诈骗以非法占有为目的，利用互联网采用虚拟事实或者隐瞒事实真相的方法，以各种各样的方式来骗取财物的行为。犯罪的主要行为、环节发生在互联网上，也是一种对网络空间里的信息进行盗用、滥用的行为。

网络诈骗的常见特点如下：

1.作案方法简单，犯罪成本低廉

由于网络发达，犯罪人只要具备一定的计算机知识，就可以利用形形色色的软件和程序，简单快捷地完成虚构事实实施诈骗。例如，通过制作一些极具有诱惑的网站或网页信息，并通某些软件和程序大范围地发布出去，诱惑他人上当受骗。

2.作案手段隐蔽，打击处理困难

由于网络诈骗发生在虚拟世界中，使得其手法很难识破，其迅捷、广泛的传播手段，犯罪分子常常采用假身份证注册银行卡，异地接收汇款，采用专用作案手机，网络注册名称不一，且移动上网、流窜作案，诈骗行手后销毁相关网上证据、消失迅速、难寻踪迹。还可以注册另一虚拟身份和虚假信息。

3.行骗面广，多采用异地行骗

诈骗人一般采取广泛撒网的方式，只要少数人上钩就达目的。受害人上钩后，诈骗人便巧设连环套，层层诈骗。由于互联网无边界的特性，诈骗人往往选择异地行骗，受害人上钩后一般不会直接到异地找行骗人。即使到公安机关报案，公安机关办理异地案件的周期也较长，这就是诈骗人选择异地行骗的缘故。

4.网络诈骗犯罪链条产业化

由于我国网络诈骗犯罪呈现出地域产业化特点，在这些高危地区往往围绕某种诈骗手法形成了上下游产业式，且逐渐形成了一条成熟完整的地下产业链。

必学习：常见的网络诈骗形式和网络购物注意事项有哪些？

一、常见的网络诈骗形式

1.利用盗号和网络游戏交易进行诈骗

一是低价销售游戏装备，让中学生玩家通过线下银行汇款；二是在游戏论坛上发表提供代练信息，代练一两天后连同账号一起被占有；三是在交易账号时，虽提供了比较详细的资料，待中学生玩家交易结束玩了几天后，账号就被盗了回去，造成经济损失。

2.交友诈骗

犯罪分子利用一些网站以交友的名义与中学生建立感情，彼此熟悉之后就会以缺钱、家中遇到难事、一起经营生意等名义向你借钱，而且还会保证尽快归还，但是往往钱被借走之后，要么态度大变，要么就是最终失去联系。

3.网络购物诈骗

一是故意编造支付不成功的缘由，通过特殊链接网站诱导学生购物者输入个人的账户支付信息从而盗取账户金额；二是利用山寨网站，欺骗购物者上当并以种种理由拒绝使用第三方安全支付工具。

4.网上中奖诈骗

犯罪分子利用传播软件随意向邮箱用户、网络游戏用户、即时通信用户等发布中奖提示信息，利用虚假的奖品宣传骗取他人上当，要求先按照要求支付"运费""个人所得税""公证费""转账手续费"等，然后再将奖品寄出。直到支付费用且迟迟收不到"奖品"后，当事人才发觉被骗了。

5."骗取话费"诈骗

此类诈骗犯罪中，不法分子通过拨打"一声响"电话（响一声即迅速挂断的陌生电话），诱使学生回电，稍不留神电话拨通后就被对方"赚"取高额话费。

6.冒充国家机关进行诈骗

犯罪分子会用电话方式联系多人，用严厉和斥责的口气恐吓他人涉及洗钱、触犯国家法律等案件，需要马上向检察机关或公安机关汇钱作保释，否则将会立刻被逮捕。很多人由于害怕便会选择马上汇款来确保自己安全，殊不知中了骗子的圈套。

二、网络购物注意事项

1.网站信息核对

认真核对网址，对比是否与真正的网址一致，不要轻易点击不明网站或邮件中提供的可疑链接。熟记网站的域名和相关页面情况，提防个别字母字符差异的"障眼法"。

2.购物操作要留心

对网站的异常动态要警惕。尤其是遇到"系统维护"或者是避开安全支付的时候就要提高安全意识。有不明白之处应该先联系网站或者店铺的客服，了解情况后再操作，不用急于一时。任何正规的网站都不会向购物者索取账号密码和手机验证码。

3.选择购物网站的时候要谨慎

选择购物网站时尽量选择大型、知名、安全有保障的网站。正规网站的商品质量和服务都是有保障的，极少会发生诈骗的情况。通常情况都是先收货后付款，或者是先付定金的形式。一些不正规的网站正是利用大家贪图便宜的心理，一步步引诱消费者进入购物流程，其实正是中了网站的诈骗"圈套"。

4.在安全的网络环境下使用账户信息

现在大家普遍使用手机App完成购物和支付流程。但是大家千万要留心一些公共场所的WiFi。很多WiFi本身是不具备安全性的，很容易被木马黑客程序攻击，一旦连接了这些不安全网络并输入各类密码，那么你的所有密码对于不法分子都是一览无余，毫无秘密可言。因此大家在输入个人支付信息，尤其是密码时，建议不要使用公共场所的WiFi，而是使用手机正常的数据流量，尽可能确保信息安全。

5.不要贪图小便宜

天上不会掉馅饼。很多不正规网站也许商品价格非常低廉，但是一分钱一分货，其商品质量很有可能就是大打折扣，无法完成退换货等流程。除此之外，短信、邮件、聊天软件中收到所谓的"中奖"信息、"免费赠品"信息也不要轻易相信。很多人正是因为贪图便宜、有利可图才会按照诈骗分子的要求向指定账户汇入"奖品包装费""运费""税费""中奖注册费"，最后什么奖品都未收到，自己还白白损失了金钱。

补救措施

必掌握：遇到网络诈骗如何补救？

如遇诈骗，立即报案！

如果真的遇到网络诈骗，造成自己的经济损失，可以及时向公安机关进行报案。保留好和诈骗分子的聊天信息、汇款信息、联系方式，以便作为有效的证据。

学以致用

1.如果生活中遇到网络诈骗，该如何避免上当受骗？

2.常见的网络诈骗形式有哪些？

第二讲　网络谣言

随着信息技术的快速发展，互联网已经成为大家交流的重要平台，对我们的日常生活产生着积极的影响。同时应当看到，网上不良、不实信息仍然存在，特别是网络谣言的传播成为一大社会公害，网络谣言的无止境扩散严重误导大众的正确认知、侵犯了个人权益，损害公共利益，更严重的还会危害国家安全和社会稳定。共同抵制网络谣言，营造健康文明的网络环境已经成为社会各界共同关注的问题。什么是网络谣言、如何应对网络谣言、传播网络谣言应负法律责任以及如何辨识网络谣言等问题，是每一位网民都应该上的必修课。

案例导入

【案例1-15】传播谣言信息　造成社会恐慌

2011年11月，有人在网络和手机短信中传播这样一条信息：新疆籍艾滋病人通过将血液滴在食物上传播艾滋病毒，多人感染艾滋病。此信息一度引发民众恐慌。

对此，卫生部11月16日发表声明称，这一信息纯属谣言。科学证据表明，艾滋病传播有三种途径：血液途径、性途径和母婴途径。艾滋病病毒不能通过餐具、饮水、食品而传染。自艾滋病病毒发现以来，国内外没有一例经食品传播艾滋病病例的报告。

同时，新疆维吾尔自治区公安厅也通过官方新浪微博"平安天山"辟谣称，未发现新疆籍艾滋病人用病血滴进食物投毒的案件。

经有关部门查明，此信息是一李姓男子故意编造并通过手机短信散布传播的，某公司女职员戚某将收到的手机短信转发到QQ群后在互联网上扩散，李某和戚某及其他编造和传播谣言者被公安部门依法予以拘留处罚。

【案例1-16】 网络谣言引发疯狂的食盐抢购

　　2011年3月11日，日本东海岸发生9.0级地震，地震造成日本福岛第一核电站1~4号机组发生核泄漏事故。谁也没想到这起严重的核事故竟然在中国引起了一场令人咋舌的抢盐风波。从3月16日开始，中国部分地区开始疯狂抢购食盐，许多地区的食盐在一天之内被抢光，期间更有商家趁机抬价，市场秩序一片混乱。引起抢购的是两条消息：食盐中的碘可以防核辐射；受日本核辐射影响，国内盐产量将出现短缺。

　　经查，3月15日中午，浙江省杭州市某数码市场的一位网名为"渔-翁"的普通员工在QQ群上发出消息："日本核电站爆炸对我国海域有严重影响，请转告周边的家人朋友储备些盐、干海带，暂一年内不要吃海产品。"随后，这条消息被广泛转发。16日，北京、广东、浙江、江苏等地发生抢购食盐的现象，产生了一场全国范围内的辐射恐慌和抢盐风波。

　　3月17日午间，国家发改委发出紧急通知强调，我国食用盐等日用消费品库存充裕，供应完全有保障，希望广大消费者理性消费，合理购买，不信谣、不传谣、不抢购。并协调各部门多方组织货源，保障食用盐等商品的市场供应。18日，各地盐价逐渐恢复正常，谣言告破。3月21日，杭州市公安局西湖分局发布消息称，已查到"谣盐"信息源头，并对始作俑者"渔-翁"作出行政拘留10天，罚款500元的处罚。

案例思考

1.转发不经核实的网络谣言可能受到哪些处罚？
2.日本福岛核泄漏引起食盐疯抢原因有哪些？

预防措施

需注意：如何正确应对网络谣言？

　　网络谣言是指通过网络（例如微博、国外网站、网络论坛、社交网站、聊天软件等）而传播的谣言，没有事实依据，带有攻击性、目的性的话语。主要涉及突发事件、公共卫生领域、食品药品安全领域、政治人物、颠覆传统、离经叛道等内容。正确应对网络谣言有以下几点。

（1）树立法律意识，严格遵守国家和地方政府制定的各项法律法规，不为一己私利制作和传播网络谣言，配合政府有关部门依法打击利用网络传播谣言的行为。

（2）增强社会责任感，自觉做到文明上网、文明发言，不传播未经核实的网上信息，做网络健康环境的维护者；不造谣、不信谣、不传谣，不助长谣言的流传、蔓延。

（3）提高科学素养，通过科普书籍、官方科普网站学习科学知识，增强自身对各种"伪科学"谣言信息的分辨能力。

（4）在生活中培养正确的批判性思维方式，遇到事情多思考，对于朋友圈中来历不明的所谓"真相"信息，可以自行通过网络搜索的方式进行对比判断，以政府部门官方账号通报的信息为准。不要出于好奇心，也不要出于博眼球而去转发那些网络谣言。

（5）如果在网络中遇到不实信息的传播，可以及时向网站的管理员或网络监管部门进行投诉举报，这样很多谣言信息就能被及时清除，避免更多人上当受骗。

必学习：传播网络谣言要承担哪些后果？

1. 民事责任

如果散布谣言侵犯了公民个人的名誉权或者侵犯了法人的商誉，依据我国《民法通则》的规定，要承担停止侵害、恢复名誉、消除影响、赔礼道歉及赔偿损失的责任。

2. 行政责任

如果散布谣言，谎报险情、疫情、警情或者以其他方法故意扰乱公共秩序的，或者公然侮辱他人或者捏造事实诽谤他人的，尚不构成犯罪的，要依据《治安管理处罚法》等给予拘留、罚款等行政处罚。

3. 刑事责任

如果散布谣言，构成犯罪的要依据我国《刑法》的规定追究刑事责任。

《治安管理处罚法》第二十五条："散布谣言，谎报险情、疫情、警情或者以其他方法故意扰乱公共秩序的；处五日以上十日以下拘留，可以并处五百元以下罚款；情节较轻的，处五日以下拘留或者五百元以下罚款。"

《刑法修正案（九）》在《刑法》第二百九十一条中新增规定："编造虚假险情、疫情、灾情、警情，在信息网络或其他媒体上传播，或明知是上述虚假信息，故意在信息网络或其他媒体上传播，严重扰乱社会秩序的，处三年以下有期徒刑、拘役或者管制；造成严重后果的，处三年以上七年以下有期徒刑。"

补救措施

必掌握：如何辨识网络谣言？

（1）要有一定的科学、法律、社会常识，提高自身"免疫力"。

（2）注意信息出处和可靠性。看到"骇人听闻"的信息后，先在网上搜索一下，看一看信息的出处，如果只是网络帖子，可信度就要打个折扣；再搜索一下信息中的关键词，了解一下当前报道情况，避免偏听偏信。

（3）关注官方信息。谣言信息一般会涉及很多行业或部门，我们可以关注一下这个行业或部门发布的信息，有些行业或部门发现有谣言的话，会及时澄清。官方的信息才是可靠的。

（4）对网上疯狂煽情、感叹号密集的，有"是某某人就顶"之类话的，要十分警惕，因为这类信息就是为了通过提高转载量获取背后利益。

（5）向警方求助。对于我们很多人都无法辨别的、社会影响极大的消息，可以寻求警方帮助我们识别这些信息的真假。

学以致用

1.传播网络谣言要承担哪些后果？
2.如何辨别网络谣言？

第三讲　网络淫秽

互联网的高速发展给人们的生活带来便利，它不仅使人与人之间的沟通交流突破了身份、时空的限制，而且各种信息的获取和传播显得越来越方便容易。青少年作为网民的新生主力军，心智尚不成熟、自控能力较弱，很容易遭受互联网上大量色情、暴力信息侵扰。到底哪些属于网络淫秽信息，我们又该如何减少网络淫秽信息对自己的影响呢？

案例导入

【案例1-17】沉迷网络淫秽视频 精神萎靡难以克制

　　小廖是一名辍学在家的中学生，有一次他在QQ群里收到陌生好友发过来的邀请链接，链接中插有女生的半裸照片，小廖一时好奇就点击链接进入了一个陌生QQ群。这个QQ群有几百名会员，其中很多成员都是未成年人，创建这个淫秽QQ群的群主也是一个17岁的在校学生。群里定期会发布一些淫秽小视频，如果需要更多视频资源，可以付钱向群主购买。

　　自从手机里有了这个小秘密，小廖每日沉迷其中，打开电脑或手机第一时间就是看看群里有没有分享新的视频资源。整个人开始变得精神恍惚，在无法抵御的青春期冲动之下，小廖无力克制强烈的感官刺激越陷越深，又不好意思向身边朋友倾诉寻求帮助以摆脱困境。

【案例1-18】发布淫秽信息 最终自食其果

　　从16岁起，广州的杨同学便沉迷于网络色情，先后在色情网站上发帖21个，点击量超过三万余次，直至去年21岁的他被警方抓获。法院以传播淫秽物品罪判处杨同学拘役四个月，缓刑八个月。

　　杨某之前以网名"伤心的痛"在互联网某色情网站先后发布帖子21个，点击量累计37 520次。经公安局淫秽物品鉴定中心鉴定，其中淫秽色情的帖子14个，淫秽色情图片152张。为此杨某于2012年9月被抓获。法院经审理后认为，杨某利用网络传播淫秽物品，情节严重，其行为已构成传播淫秽物品罪，应予处罚。考虑到杨某犯罪时未满18周岁，且认罪态度较好，法院依法从轻判处其缓刑。

案例思考

1. 沉迷网络淫秽视频，会给青少年带来哪些不良影响？
2. 发布淫秽信息会构成什么犯罪？

预防措施

需注意：网络色情淫秽信息有哪些特点？

作为色情的一种，网络色情淫秽不仅具有一般色情的特点和危害，而且具有与一般色情显著不同的特点。

其一，网络色情具有很强的综合性，是多种色情的杂合体。随着传媒科技的发展，互联网与传统媒体的互动进一步增强。很多传统媒介（如影视、报刊等）在完善传统业务的同时，纷纷开辟网络销售战线。这样，传统媒介中的色情信息便不可避免地渗入互联网，与网络上特有的色情相杂糅，对青少年的意识行为产生更为有力的冲击。据统计，世界闻名的色情刊物《××公子》在美国以合法身份进入互联网后，其网站每周的访问量达470万人次，其中青少年占了相当大的比例。

其二，网络色情具有高度刺激性和挑逗性。网络传播具有双向性和互动性。通过网络，一些淫秽色情网站不仅给青少年以感官刺激，而且教唆、引诱青少年进行淫秽色情活动甚至实施犯罪行为，青少年看完后便会有意无意地去模仿视频内容，从而无法自拔。

其三，网络色情具有较强的匿名性。由于网络使用者在大多数情况下登录互联网不必使用真实姓名，这样就形成了一个高度隐蔽的拟态环境。真实身份的隐匿给予网民们一个更"安全"的行为环境与心理状态，但也因此削弱了彼此的责任感。

其四，网络色情的可及性与可承受性。可及性是指数百万个网站随时可以登录，没有时间限制；可承受性是指网站之间的激烈竞争，有许多方式可以获得色情资源，而且价格低廉。

必学习：网络淫秽有哪些不良影响？传播网络淫秽信息如何定罪量刑？

一、网络淫秽的不良影响

1.容易形成不健康的性心理，甚至诱导我们青少年走上犯罪之路

因为青少年缺乏稳定的自控能力，而且这个年龄对性充满好奇，色情文化对心理冲动起到一种恶性的催化作用。使得青少年的心理萌动、冲动被激活，无法自抑，失控的性冲动最后可能会发展到寻求生理发泄的对象，从而走上犯罪道路。

2.导致过度自慰行为

不良信息和欲望相结合，带给同学们的是一个带"毒"的虚拟世界，容易造成扭曲的价值观、生活观。色情淫秽就是变相的"精神毒药"，如果不加节制地解除这类信息，不断刺激自身的性冲动就会带来毫无节制的自慰行为。我们知道，自慰行为一旦过度，大家就很难集中精神上课认真听讲，对学习的兴趣会不断减弱，精神面貌呈现出萎靡状态，甚至晚上也得不到很好的睡眠，这就会产生一个恶性循环。

3.伤害大脑

德国科学家研究发现，浏览色情图片时，大脑受到刺激会导致多巴胺激增，而不断反复的多巴胺激增可能会造成大脑反应迟钝并萎缩。如果色情图片看得太多，会让大脑一直处于兴奋状态，久而久之，大脑会变得麻木冷淡，并需要口味更重、数量更大的色情图片来刺激。所以，对于大多数青少年来讲，色情淫秽信息看得越多，大脑萎缩很有可能更快，成瘾也就越深，这会严重影响我们日常的学习和生活。

二、传播网络淫秽信息如何定罪量刑

根据《中华人民共和国刑法》2015年修正案，传播淫秽的书刊、影片、音像、图片或者其他淫秽物品，情节严重的，处二年以下有期徒刑、拘役或者管制。组织播放淫秽的电影、录像等音像制品的，处三年以下有期徒刑、拘役或者管制，并处罚金；情节严重的，处三年以上十年以下有期徒刑，并处罚金。制作、复制淫秽的电影、录像等音像制品组织播放的，依照第二款的规定从重处罚。向不满十八周岁的未成年人传播淫秽物品的，从重处罚。

补救措施

必掌握：如何有效抵制网络色情淫秽？

（1）合理、适度使用手机，不沉迷于网络，将自己的注意力转移到学习上，转移到正常的体育运动中，转移到健康的交友方式上。

（2）不登录手机色情网站，不上传、不下载、不传播手机色情内容；如发现手机网络色情内容及时向网络管理部门举报。

（3）从自身做起，在思想上建立一道牢固防线，坚持自我约束，抵制网络色情的侵害，形成良好的道德品格、健康的心理素养和积极向上的文化情趣，从根本上提高自身抵御不良信息侵蚀的能力，手机和电脑设置色情信息自动屏蔽，减少此类内容对自己的刺激。

（4）空余时间培养自己健康良好的兴趣爱好，多和同学、朋友交流活动。而不要总选择独自一人在家上网或玩手机，独处之时特别容易控制不住自己去浏览色情低俗网站。

学以致用

讨论：同学们，我们该如何减少网络色情淫秽信息对自身健康（生理、心理）的危害呢？

第四讲　网络病毒

在科学技术迅猛发展的今天，互联网成为我们的生活、工作、学习、娱乐以及交流等方方面面不可或缺的因素。但是与此同时，随之而来的，是网络安全问题。当我们在浏览网页、下载资源，用自己的个人信息登录某些平台的时候，网络病毒的"魔爪"可能在侵蚀我们的计算机，窃取了我们的重要信息。

案例导入

【案例1-19】CIH病毒导致电脑无法启动

CIH病毒是一位名叫陈盈豪的台湾大学生所编写的，最早随国际两大盗版集团贩卖的盗版光盘在欧美等地广泛传播，后来经互联网各网站互相转载，使其迅速传播。这在那个年代可算是一宗大灾难了，全球不计其数的电脑硬盘被垃圾数据覆盖，这个病毒甚至会破坏电脑的BIOS，最后连电脑都无法启动。在2001年及2002年的时候，这个病毒还死灰复燃过几次，真是打不死的"小强"啊。

【案例1-20】"梅丽莎"病毒感染了全球15%～20%的商用PC

1998年，大卫·史密斯运用Word软件里的宏运算编写了一个电脑病毒，这种病毒是通过微软的Outlook传播的。史密斯把它命名为梅丽莎——一位舞女的名字。一旦收件人打开邮件，病毒就会自动向50位好友复制发送同样的邮件。史密斯把它放在网络上之后，这种病毒开始迅速传播。直到1999年3月，梅利莎登上了全球报纸的头版。据当时统计，梅利莎感染了全球15%～20%的商用PC。病毒传播速度之快令美国联邦政府很重视这件事。还迫使Outlook中止了服务，直到病毒被消灭。

案例思考

1. CIH病毒对电脑造成什么影响？
2. "梅丽莎"病毒是如何传播的？

预防措施

需注意：网络病毒类型有哪些特点？

网络病毒是程序员写的一段代码，通过网络传播，破坏了某些网络组件，从而达到盗取账户以及私人账户信息的目的。比如我们非常耳熟的"木马"病毒就是一种常见的网络病毒。网络病毒类型有以下几种。

1.木马病毒

木马病毒通常潜伏在操作系统当中，窃取用户资料。比如社交软件、支付软件或者游戏账号或密码，等等。

2.蠕虫病毒

比木马病毒更加先进，它能够找到我们计算机系统中的漏洞，对这些漏洞主动发起攻击。它的危害性极大，能够一传十，十传百，短时间内就感染统一网络下的所有计算机。而被攻击的计算机，运行的速度会变慢，可能产生死机的状态。

3.邮件型病毒

顾名思义，邮件型病毒是通过邮件的发送和接收进行传播。它会引导和欺骗用户打开或者下载附件。有些则直接通过网页传播，知道我们打开了网页，病毒就已经乘虚而入了。

必学习：网络病毒的预防措施有哪些？

网络病毒似乎无孔不入，其实只要我们养成良好的使用电脑的习惯，网络病毒也就无机可乘了。我们可以从以下几个方面进行预防。

1.不要去做

（1）不随便浏览不安全或者未知的网页，不要扫来路不明的二维码，不随便点击广告。

（2）不要使用来历不明的光盘、储存卡或者USB存储设备。

（3）不要轻易打开陌生人的电子邮件，不要盲目打开以及下载邮件中的附件。

（4）不下载非官方平台上的软件，不随便安装未知的浏览器插件。

2.要去做

（1）思想上形成预防网络病毒的警惕性，学习网络病毒预防的相关知识和方法。

（2）及时给操作系统进行漏洞修复、病毒查杀。

（3）使用实时监控程序，运行木马反木马实时监控查杀病毒程序和个人防火墙。

（4）关注流行病毒信息，避免在病毒高发期上网。

补救措施

必掌握：如何预防网络病毒？

如果在我们非常规范且谨慎上网的情况下，网络病毒还是入侵了我们的计算机或者某个软件，应该要怎么做呢？当然，一定要先冷静，然后按照接下来的解决措施去做。

1.不要重启

一般来说，当发现异常进程或者程度在运行，计算机的运行速度明显变慢，或者死机，很可能就是电脑中病毒了。此时大多数人的第一反应就是重启，但是重启并不能解决问题。

2.立即断开网络

由于电脑病毒是通过网络传播的，它会窃取你的个人信息，还会通过你的电脑将病毒发送给同一个网络下的计算机。所以我们应该立刻断了网络，切断其传播途径。

3.备份重要文件

如果你的电脑中存有重要的数据、文件、邮件等，那么在断开网络后，立即将重要的文件备份到其他设备上，如移动硬盘、光盘等。

4.全面杀毒

现在一般杀毒软件都能实现对计算机病毒的查杀。我们需要在Windows系统下对系统进行全面杀毒。可以通过杀毒软件进行扫描，例如扫描压缩包的文件、电子邮件等。

学以致用

1.当我们的计算机收到网络病毒攻击时，可以怎么做？

2.作为一个学生，我们要怎么样凭借自己的力量维护网络安全？

第五讲 电信诈骗

当前电信网络诈骗犯罪形势十分严峻，诈骗手法不断翻新，犯罪嫌疑人非法获取大量公民个人信息，并针对不同人群实施精准诈骗、层层布局、步步设套，为达目的不择手段，严重危害人民群众财产安全，扰乱正常生产生活秩序。针对中职生，诈骗分子就设计了如兼职刷单、网络购物、冒充客服、冒充熟人、校园贷等多种诈骗手法。实际案件中，很多中职生因一时疏忽而落入诈骗陷阱，给生活、学习、家庭带来了严重后果，甚至有的因此结束了自己年轻的生命。

案例导入

【案例1-21】网络兼职刷单被诈骗40余万元

2018年11月8日16时至11月9日10时30分之间，浙江云和王某在家上网时，接到一QQ信息，被对方以网络刷单返佣金的方式诈骗人民币40万余元。

【案例1-22】"套路贷"夺走了21岁小伙的命

冯某从2015年11月开始借了网贷，只借了几千元钱，一直拆东墙补西墙。三年来已经还了8万元，到现在还欠网贷平台17万元。2019年2月26日凌晨3点30分，冯某不堪重负，从17楼跳下，时年21岁。

案例思考

1. 王某为什么会被诈骗40余万元？
2. 21岁的冯某为什么会跳楼自杀？

预防措施

需注意：电信诈骗的类型有哪些？

一、认识电信诈骗

电信诈骗是指通过电话、网络和短信方式，编造虚假信息，设置骗局，对受害人实施远程、非接触式诈骗，诱使受害人打款或转账的犯罪行为，通常以冒充他人及仿冒、伪造各种合法外衣和形式的方式达到欺骗的目的，如冒充公检法、商家公司厂家、国家机关工作人员、银行工作人员等各类机构工作人员，伪造和冒充招工、刷单、贷款、手机定位和招嫖等形式进行诈骗。

二、电信诈骗的类型

仿冒身份诈骗；购物类欺诈；利诱类欺诈；虚构险情欺诈；日常生活消费类欺诈；钓鱼、木马病毒类欺诈；其他新型违法欺诈。

必学习：电信诈骗的预防措施有哪些？

1.手机短信内的链接都别点

虽然手机短信中也有银行等机构发来的安全链接，但不少用户难以通过对方短信号码、短信内容、链接形式等辨别真伪，所以建议用户尽量不要点击短信中自带的任何链接。特别是Android手机用户，更要防止中木马病毒。

2.凡是索要"短信验证码"的全是骗子

银行、支付宝等发来的"短信验证码"是极其隐秘的隐私信息，且通常几分钟之后即自动过期，所以不得向任何人和机构透露该信息。

3.凡是无显示号码来电的全是骗子

目前，除极少数军政方面人士还拥有"无显示号码"电话之外，任何政府、企业、银行、运营商等机构均没有"无显示号码"的电话，所以今后再见到"无显示号码"来电，直接挂断就好。

4.闭口不谈卡号和密码

无论电话、短信、QQ聊天、微信对话中都绝不提及银行卡号、密码、身份证号码、医保卡号码等信息，以免被诈骗分子利用。

5.不信"接的"，相信"打的"

为了防止遇上诈骗分子模拟银行等客服号码行骗，遇上不明来电可选择挂断后，再主动拨打相关电话（切勿使用回拨功能），这样可以保证号码的准确性。

6.钱财只进不出，"做貔貅"

任何要求自己打款、汇钱的行为都得长心眼，警方建议如需打款可至线下银行柜台办理，如心中有疑惑，可向银行柜台工作人员咨询。

7.陌生证据莫轻信

由于个人隐私泄露泛滥，诈骗分子常常会掌握有用户的一些个人信息，并以此作为证据，骗取用户信任，此时切记要多长个心眼——绝不轻易相信陌生人，就算朋友家人，如果仅仅是在网上，也不可轻信。

8.钓鱼网站要提防

切不可轻易信任那些看上去与官方网站长得一模一样的钓鱼网站，中病毒不说，还可能被直接骗走钱财，所以在登录银行等重要网站时，要养成核实网站域名、网址的习惯。

9.新鲜事要注意

诈骗分子常常利用最新的时事热点设计骗局内容，如房产退税、热播电视节目等都常常被骗子利用。如果不明电话中提及一些你从未接触过的新鲜事，也切莫轻易当真。

10.一旦难分假和真，拨打110最放心

如果真有拿不准的事，拨打110无疑是最可靠的咨询手段，虽然麻烦了警察，但必要时候仍可以采取这种手段。

补救措施

必掌握：遇到电信诈骗如何处理？

（1）如遇到电信诈骗请立即拨打110或24小时反诈热线电话"96110"，向专业人士报警、咨询、投诉，切勿慌张。

（2）一旦汇款后发现自己被骗，拨打110报警后将以下信息提供给警察：姓名及身份号码；转出现金的账户及开户行；转账的准确金额及准确时间；骗子的账号、用户名及账号开户行；汇款凭证或电子凭证截图。

（3）向警方可凭借这些信息运用新平台"快速止付"机制，对嫌疑人进行银行账户实施紧急止付。以上操作需要在30分钟之内完成。

学以致用

1.电信诈骗的类型有哪些？预防电信诈骗的措施有哪些？

2.当你遇到电信诈骗时该怎么做？24小时反诈热线电话是多少？

模块 三 心理健康

第一讲　学习受挫防治

心理学家认为，挫折是个体在某种动机的推动下，当目标受到阻碍而无法克服时所产生的情感体验。学习挫折可能是由多种因素造成的，包括心理、教学方式方法、学生素质、学生行为习惯和外部因素影响，等等。

案例导入

【案例1-23】学习总是不在状态

小苏是一个一直都挺安静、乖巧懂事的女生，学习很刻苦，成绩也比较稳定，考本科希望非常大。但是最近她一直说学习不在状态，想要转专业，且不说专业不是她想转就能转的，问题是此时已经是高三了！班主任认为她太冲动了，找她谈过好几次话，可她却一直坚持自己的想法。最近上课一直不在状态，作业草草了事，而且经常晚自习只上一节课就请假回家。她的父母亲也拿她没有办法，好说歹说就是不管用。

【案例1-24】学习压力大怕辜负爸妈

小李，男，17岁，高中二年级，家庭条件一般，没有患过重大的身体疾病和严重心理疾病，性格较内向，学习成绩一直都很优异。但最近总觉得学习压力很大，不想行动。上课经常走神，注意力不集中，感觉没有精神。同时还害怕考试，生怕自己辜负爸妈，担心连专科也考不上。

案例思考

1.你认为什么是学习受挫？如果你是小苏，你会怎么办？

2.你有过小李的这种状况吗？你是怎么解决的？

预防措施

需注意：为何会发生学习受挫现象？

一般来讲，发生学习受挫的原因主要有以下几方面：

1.生物原因

处于青春期的学生，对别人的评价和批评较为敏感。

2.社会原因

（1）学习压力。

（2）负性生活事件的影响，如被老师当众批评。

（3）人际关系方面：班内没有知心朋友。

（4）缺乏完善的社会支持系统，未受到父母、老师和朋友及时的鼓励和关注。

3.心理原因

（1）性格偏内向，追求完美，学习动机过强，易产生挫败感。

（2）存在不合理信念，如不上学就没什么出路了。

（3）缺乏有效解决问题的行为模式，如被批评后不知道怎样解决。

（4）学习方法上存在欠缺。

必学习：怎样知道自己是否出现学习受挫？

（1）学习兴趣淡化，直至完全失去学习兴趣，有的甚至厌烦或害怕学习。

（2）学习没有信心，自以为不是学习的料子，与别人相比，感觉永远是弱者，因而参与学习时，缩手缩脚，失去了学习的信心。

（3）学习缺少恒心和毅力，怕麻烦，缺少耐心、恒

心和毅力，常常会被问题或困难吓倒。

（4）无论如何都无法集中注意力。上课走神，即使勉强集中注意力，也会在不知不觉间想别的事情，会因此而自责，但是没有什么有效办法能避免。

（5）出现抑郁或焦虑症状。抑郁或焦虑情况可通过心理测试如实反映出来。

（6）疲惫且没有精力，每天都觉得很疲劳，体力下降，总犯困。

补救措施

必掌握：怎样战胜学习挫折？

（1）正确对待挫折，树立信心。心理学把人们遭受挫折时的态度分为两类：一类是积极进取的态度，另一类是消极防范的态度。如何做才是积极？学习的效果是由影响学习的各种因素综合作用的结果，要找到有利于自己学习的因素并扩大化，把消极因素降到最小。

（2）学习不能急于求成。要摆脱完美主义心态，不要想立竿见影看到成效，要知道拼搏的过程本身就很有意义。

（3）向老师求助。对某一学科产生挫折感，可向该学科任课教师求助。如果是普遍感到挫折，可向班主任求助。要特别强调的是，心理教师有更专业的处理能力，帮助大家重拾自信，所以无论何种情况，都推荐求助于心理教师。

怎样帮助经受学习挫折的人呢？可以通过中外名人战胜挫折的典型事例，让其明白学习的过程就是不断克服困难的过程，只有不断地努力才能取得成就。

在主体方面应重视情感因素，增强学习的自信心。现代心理学研究表明，积极健康的情感能有效地强化人的智力活动，让人精力充沛，思维敏捷深刻，想象丰富活跃，记忆力增强，心理潜能会得到高效发挥。反之，消极不健康的情感则会使智力活动受到抑制，降低学习效果。

学以致用

1.出现学习挫折应当如何自助？

2.如何帮助他人战胜学习挫折？

第二讲　交往受挫防治

马克思曾指出"一个人的发展取决于和他直接以及间接进行交往的其他人的发展"，而学生良好个性的形成离不开人际交往。现在独生子女居多，特别是很多孩子从小多与长者相处，缺少伙伴，受到的迁就溺爱多些。于是部分同学在处理人际关系方面显得力不从心，甚至在人际交往中屡屡受挫。那我们该如何预防交往受挫，建立良好的人际交往关系呢？

案例导入

【案例1-25】班干部和同学关系不好

小丽是班干部，她觉得班级里的那些同学总是不愿意做事，晚自习特别爱讲话，交作业又拖拖拉拉，好意提醒他们还不服管，平时为了班级里的纪律问题，没少和他们发生矛盾。老师找小丽谈了好几次，说她不能处理好同学关系就很难胜任班干部工作，小丽感觉心里很压抑，同学们都排挤她，还老是背地里悄悄谈论她。

【案例1-26】朋友交往有裂痕

婷婷和小红是特别好的同学，班里只有她们两个女生，平时她们一起吃饭，一起去寝室，一起去操场散步谈心。最近小红加入了学生会，和隔壁班的瑶瑶走得特别近。婷婷认为小红把她冷落到一边，还让她独自吃饭，独自去图书馆。婷婷觉得很伤心，也很孤独，觉得是瑶瑶抢走了她的好朋友。婷婷开始恨小红，一听到她的名字就来气。

案例思考

1.如果你是小丽，你会怎么处理好和老师、同学之间的关系呢？
2.如果你是婷婷，你该怎么办？

预防措施

需注意：交往受挫的原因有哪些？

1.自卑心理造成交往受挫

在交往活动中，自卑表现为缺乏自信、自惭形秽，想象成功的体验少，想象失败的体验多，自卑的浅层感受是别人看不起自己，而深层的体验是自己看不起自己。当出现深层体验时，便觉得自己什么都不行，似乎所有的人都比自己强得多。因而，在交往中常感到不安，将社交圈子限制在狭小范围内。

2.自傲心理所致交往受挫

自傲与自卑的性质相反，表现为不切实际地高估自己，在他人面前盛气凌人，自以为是，过于相信自己而不相信他人，总是把交往的对方当作缺乏头脑的笨蛋，常指责、轻视、攻击别人，使交往对方感到难堪、紧张、窘迫，因而影响彼此交往。

3.自我中心造成交往受挫

自我中心是人的一种个性特征，在交往中是一种严重的心理障碍。有些人为人处事往往以自己的需要和兴趣为中心，只关心自己的利益得失，而不考虑别人的兴趣和利益，完全从自己的角度，从自己的经验去认识和解决问题，似乎自己的认识和态度就是他人的认识和态度，盲目地坚持自己的意见。

4.多疑心理引起交往受挫

多疑是一种完全由主观推测而产生的不信任心理，表现为整天疑心重重，或是无中生有，结果认为人人都是假的，不可信，人人都不可交。有些人在某些方面自认为不如别人，因而总以为别人在议论自己，看不起自己，算计自己。如果别人在一起说话时对自己投来了不经意的一瞥，他会认为别人在说自己的什么坏话；如果有人开了极平常的善意的玩笑，他也会信以为真，怀疑别人早就对自己有意见了，即使是别人相互之间的指责，他也会认为这是"指桑骂槐"。

必学习：交往小技巧有哪些？

（1）沟通多一点，问题少一点。

（2）了解多一点，朋友多一点。

（3）心平气和点，问题解决点。

补救措施

必掌握：如何克服交往中的心理障碍？

人际交往中的心理障碍，不仅影响着同学之间的正常交往，而且影响着学生个体的身心发展和健康成长。因此，要努力克服人际交往中的心理障碍，提高交往水平。

1.正确认识自我

德国著名的作家约翰·保罗曾说过："一个人真正伟大之处，在于能认识自我。"人的一生始终都在认识自我、评价自我、塑造自我。首先，要学会多方面、多途径地了解自我，不只从稳定的生活世界周围，而是从自己的整个生活经验来了解自己。既要了解别人对自己的评价、自己与别人的差别，也要了解自己操纵周围事物，把握周围世界的状况；既了解自己的能力、身体特征，也了解自己的性格、品德，等等。其次，要学会从周围世界中获取有关自我的真实反馈，避免自己的主观理解所带来的误差。另外，在与他人的交往过程中还要学会认识自己的实力，避免自傲或自卑心理的产生。最后，要学会正确地评价自己，不仅要了解自己的长处，也要了解自己的短处，以便更好地在交往过程中吸取和学习别人的长处。

2.学习主动交往

主动交往不仅可以使人掌握人际交往中的主动权，展现个人交往的魅力和风采，而且可以消除交往中的心理障碍，增强自信心，提高人际交往的质量和效率，要克服自卑、孤独、自傲、胆怯、怀疑等心理状态，善于主动与老师、同学交往，如见面主动问候、打招呼，来了客人主动让座、主动应酬，有了疑难问题主动请教老师，别人有了困难主动伸出援助之手等。

3.讲究人际交往的艺术

人际交往有很多技巧和艺术。首先，要注意心理艺术。与人交往要揣摩别人的接受心理，不要只顾自己，强人之难，要提倡将心比心，换位思考，保持双方心理的和谐。其次，要讲究情感艺术。要理解他人的处境，关注他人的需要，尊重他人的人格和感情，关心帮助他人要真心实意。最后，讲究语言艺术。"良言一句三冬暖，恶言一句三春寒。"与人交往不仅要注意与人为善和善解人意，提倡一个善字，而且要重视语言修养，说话要文明高雅又不失幽默和风趣，表达要准确到位，让人感受到语言的魅力。

　　人际交往障碍会给我们的学习、生活、情绪、健康等方面带来一系列的不良影响，如有些同学学习成绩下降，上课时精力难以集中，这些看似学习上的问题，其实有些并不是学习本身所带来的，而是人际关系紧张所导致的。消除交往障碍，减少人际关系的矛盾，提高人际交往水平和能力，利于身心健康，对个性良好发展将起到重大的促进作用。

学以致用

　　1.如何与寝室的同学和睦相处？
　　2.被班里的同学误解该怎么办？

第三讲　神经衰弱防治

我们在日常生活中常常听到这样的话："我又失眠了，一点点声音就能把我惊醒，都要神经衰弱了。""我现在记性很差，老是忘东忘西，也没什么精神，该不会是神经衰弱了吧。"那到底神经衰弱都有些什么症状呢？在日常生活中又该怎样来预防和治疗神经衰弱呢？

案例导入

【案例1-27】高三女生经常失眠

高三女生王某，18岁，自升入高三以来，她感到身心持续疲惫，做什么事常感到有心无力，乃至心不足而力更不足。开始只是表现在一些比较重要和复杂的活动中，如考试、比赛等，后来就几乎影响到所有方面。学习时间稍长就哈欠连天、头昏脑胀、分心、眼花、嗜睡，有时睡上一整天，也觉得很不解乏，浑身酸懒无力。夜里经常失眠，她知道此时保持足够的睡眠很重要，但偏偏难以入睡。她室内钟表的滴答声、电冰箱的制冷声、窗外风吹落叶声等都格外清晰、刺耳。

【案例1-28】学习压力大导致神经衰弱

霍某某，由于学习压力大等原因患神经衰弱症，于是，他出现了一些比较怪异的行为，比如，他在天气比较寒冷的时候只穿一件单衣，被冻得瑟瑟发抖，但却认为是中暑了，捏脖子刮痧，刮得脖子出现几道红斑。出现失眠亢奋的状态，整夜不想睡觉，独自一人坐在电脑前通宵看电影，时而用家乡话自言自语，时而莫名窃笑。呈现对人和事敏感状态，猜疑心重，觉得每个人都和他过不去，什么事情都冲着他，害怕与他人交往，甚至还出现轻度的幻想。

案例思考

1. 你有过这样的感觉吗？如果你是王某怎样解决问题？
2. 你有过这样的体验吗？如果你是霍某某该如何解决？

预防措施

需注意：神经衰弱的常见危险因素有哪些？

神经衰弱会对人们的身心健康和生活造成巨大的负面影响。目前，神经衰弱的发病原因还不太清楚，但大多数学者认为精神心理因素是造成神经衰弱的主因。

一是不良的性格特征。自卑、敏感、多疑、缺乏自信或过于主观、急躁、好胜心切，因而容易导致对生活事件的弛张调节障碍，使大脑长期处于持续性紧张状态。

二是长期的情绪紧张和精神压力。如学习负担过重，学习目标超过实际能力，考试压力大，人际关系紧张等。

三是生活作息无规律，过分疲劳得不到充分休息，特别是脑力劳动时间过长。

四是感染、中毒、营养不良、内分泌失调、颅脑创伤和躯体疾病等也可以成为神经衰弱发作的诱因。

必学习：神经衰弱的症状有哪些？如何预防神经衰弱？

一、神经衰弱的症状

神经衰弱的症状主要有以下几点：

（1）脑和躯体功能衰弱症状，这是神经衰弱最为显著和主要的症状，特征是持续和令人苦恼的脑力易疲劳（如感到没有精神、注意力不集中或不持久、记忆力差、迟钝）和体力易疲劳，经过休息不能恢复。

（2）情感症状，如烦恼、紧张、易激惹，感到生活中困难重重，难以应付。可有焦虑或抑郁，但不占主导地位。

（3）兴奋症状，如感到精神易兴奋，浮想联翩，回忆增多并且难以控制。有时对声光很敏感。

（4）紧张性疼痛，如紧张性头痛或肢体肌肉酸痛，或头晕。

（5）睡眠障碍，如入睡困难、多梦、醒后感到不解乏、睡眠感丧失、睡眠觉醒节律紊乱等。

（6）其他心理生理障碍，如眼花、耳鸣、心悸、胸闷、腹胀、消化不良、多汗、尿频、月经紊乱等。

二、神经衰弱的预防

神经衰弱的预防主要有以下几点：

1.正确认识自己

要预防神经衰弱首先要正确认识自己。了解自己的身体素质、知识才能、适应能力，确定适合自身情况的目标和计划，避免从事不适合自己体力和精神的活动。过高的目标和要求会造成自身精神压力过大，同时长时间达不到自己设定的目标和要求会使大脑长期处于持续性紧张和抑制状态。

2.培养豁达乐观的性格

一个人的性格一旦形成，不可能在一朝一夕间改变，但仍可以在日常生活的点点滴滴中潜移默化。豁达乐观的性格有助于缓解大脑的长时间紧张和抑制状态。

3.建立大局观念

做事着眼大局，对不影响大局的细枝末节不要过于在意。处理人际关系时，互相理解、体谅，不要斤斤计较。

4.合理安排工作、学习和生活

在工作、学习压力过大的时候，要学会自我调节，适当放松，劳逸结合。规律生活，合理休息，保证充足的睡眠，这样大脑的长时间紧张状态才能得到缓解，效率也会更高。

补救措施

必掌握：神经衰弱治疗方法有哪些？

当我们明显感到自己有脑和躯体功能衰弱或伴有其他症状时，应及时寻求专业心理咨询师或医生的帮助。目前，神经衰弱的治疗方法主要有以下几种：

1.一般治疗

主要包括体育锻炼，旅游疗养，休闲娱乐，调整不合理的学习、工作方式等可帮助摆脱烦恼处境、改善紧张状态、缓解精神压力。

2.心理治疗

正规的心理治疗有助于患者认识疾病的性质，消除伴随而来的焦虑情绪。

3.药物治疗

抗焦虑、抗抑郁药物可以改善神经衰弱伴随的焦虑和抑郁情绪，也可使肌肉放松，消除躯体不适感。用药时一定要严格按照医嘱服药，切忌自行加量或停药。

学以致用

1.日常生活中，我们该如何预防神经衰弱？

2.出现神经衰弱的相关症状并且持续了一段时间，应该怎么做？

第四讲　焦虑障碍防治

　　我们一定都有过这样的体验：考试前总是有些紧张、担忧，有时甚至寝食难安，握笔的手都会不由自主地颤抖。这就是我们常说的焦虑。焦虑是人面对压力时的正常反应，适当的焦虑是有益的，可以促使人们分析当前的状态和形势，并对未来的形势发展做出预判，提醒可能面临的危险，帮助人们做好准备，去应对将要面对的各种问题。与这种正常的焦虑不同，焦虑障碍是指过度的紧张、恐惧或担忧，主要表现为精神上的担心及躯体上的不适。这种过度焦虑的感觉会对日常生活造成干扰，影响学习、工作和人际关系，会带来严重的损害和痛苦。那我们该如何防治焦虑障碍的发生呢？

案例导入

【案例1-29】高三女生为升学焦虑

　　小玲，高三女生，数学基础较差，补习后进步不大。家人经常叮嘱她要好好学习，考上大学，为家族争光。这给她造成很大压力，上课开小差，注意力无法集中，经常担心"考不上大学怎么办"。于是，她整天都在想该怎样学习才能考出好成绩，除了加班加点拼命学习外，晚自习下课，还要在宿舍的走廊里看书。睡眠渐渐不足，头脑昏沉，书看不下去，又不愿休息，认为休息会耽误了时间，怕比别人考得差。结果，每次考试成绩都不理想。

【案例1-30】高二男生为社交焦虑

小刚，男，现担任高二某班的班长。班主任很喜欢小刚，提供机会让小刚多加锻炼。每当小刚在讲台向大家传达通知、布置任务时，准备好的一段话，一旦站到讲台上就十分紧张，脑子一片空白。说话时声音很小，还会结巴，同学们根本不知道他在说什么。小刚回到座位后便自责，认为自己很差劲。每当走在校园里，遇到认识的同学或是老师，他不知道怎么与他们打招呼，总是心跳加速，感觉很紧张，所以他一般都采取逃避的方式，装作没看见，低头走开或者干脆绕路。如果对方先与自己打招呼，他便应和一声，匆匆走开。

案例思考

1. 如果你是小玲，你遇到这样的情况会怎么调节自己？
2. 如果你是小刚，你该如何克服社交焦虑？

预防措施

需注意：焦虑障碍的常见危险因素有哪些？

与焦虑障碍相关的主要危险因素包括：

（1）焦虑障碍家族史，父母、子女或兄弟姐妹存在焦虑障碍、抑郁障碍或两者兼有。

（2）家庭环境和教养方式，特别是在父母过度保护和过分强调外界危险的教养方式下长大的儿童或儿童期、青春期的成长经历引起心理障碍，没有及时给予疏导的。

（3）个性或人格因素，如自卑、追求完美、自我中心或过度关心以及经常紧张、激动、焦虑、敏感的人。

（4）应激事件或创伤事件，包括受虐待。

（5）性别，调查发现女性更易受到焦虑障碍的困扰。

（6）躯体疾病（如心血管病、肾脏病等）或精神障碍（特别是抑郁障碍）。

昂～
我说你咋顶俩灯泡就来了，你这倒挺省电的啊！

可不咋滴，焦虑睡不着，晚上俩眼珠子锃亮，都吓走好几条鲨鱼了！

必学习：预防焦虑障碍措施有哪些？

生活中，我们可以采取以下措施来预防焦虑障碍：

1.保持乐观的心态

在当今社会，学习、工作压力不断加大，人际关系复杂，每天都面临新的矛盾、问题和繁重的学习、工作任务，内心难免产生不良和消极的情绪。我们要及时调节自己，不让消极情绪不断堆积，诱发焦虑障碍的发生。

2.放松训练

运用呼吸放松法、肌肉放松法和想象放松法（如幻想自己躺在幽静凉爽、微风和煦的草地上）消除肌肉紧张，使身体从紧张状态松弛下来。

3.有氧锻炼

如慢跑、游泳、健身操、羽毛球、骑车等运动。

4.寻求社会支持

生活中难免碰到不如意的事，有了不良情绪，应向朋友亲人倾诉，消解自身的不良情绪，避免一味压抑。

5.培养兴趣爱好，主动参与社会活动

兴趣爱好是保持良好情绪和心态的重要方法。当学习、工作压力不断增大，适时转移注意力，做些自己感兴趣、放松的事或参与社会活动，劳逸结合，有助于消除紧张和焦虑。

补救措施

必掌握：焦虑障碍患者怎样进行自我监测和自我调节？

一、焦虑障碍自我监测

出现以下症状时，可能提示患有焦虑障碍，应及时到专业医疗机构就诊：

（1）大部分时间心里感到不踏实，紧张，心神不宁，烦躁不安，担忧任何事情，但又没有事实依据，也没有特定原因或对象，或者似乎有一些原因，但其担忧程度与现实不符，并且自己无法控制。

（2）行为改变或躯体不适，如坐立不安、易疲劳、头晕等。

（3）对外界刺激反应过分警觉，对小事易激动，爱发脾气，爱抱怨，注意力不集中，自觉记忆减退。

（4）经常突然发作的胸闷、心悸、呼吸困难、头痛头晕。

（5）睡眠障碍，如入睡困难、多梦、易惊醒，甚至出现梦魇。

（6）与人接触交往时紧张、不自然甚至害怕，不敢与人对视，回避社交等。

被诊断为焦虑障碍后，越早治疗，病情恢复越快，愈后越好。医生会根据患者的具体症状、药物敏感性、身体情况等方面，为患者选择一种合适的治疗方案。切忌患者自行用药和增减药量。

二、焦虑障碍自我调节

1.记录"焦虑日记"

详细记录与焦虑有关的行为、想法、感受与身体反应，从而认识引发焦虑的原因与诱发情况。具体记录内容包括：时间、地点、行为、身体症状、感想与感觉、特定状况与情境、焦虑的程度（从0～10进行评分，0为不焦虑，10为极度焦虑）。

2.使用焦虑自评量表（SAS）来进行自我监测

焦虑自评量表是一种患者可以自行评分的量表，能够较好地反映患者焦虑状态的主观感受，广泛适用于有焦虑症状的中青年人。焦虑自评量表满分为100分。按照中国的评分标准，焦虑自评量表标准分的分界值是50分，其中50～59分为轻度焦虑，60～69分为中度焦虑，70分以上为重度焦虑。需要注意的是，焦虑是许多疾病的共同症状之一，因此焦虑自评量表的总分值仅能作为一项参考指标，反映焦虑症状的严重程度，而非诊断焦虑障碍的标准。

3.自我放松训练

通过降低肌肉紧张和自主神经兴奋来减轻焦虑。逐步放松从头到脚的各部分肌肉，减慢呼吸频率，集中注意力在自我精神松弛上，减少不必要的思虑。

4.认知调整

关键是帮助患者摆脱不合理观念的纠缠，正确认识自己，积极面对现实。

5.学会面对自己害怕和回避的场景和境遇

一般采取自己实体进入害怕的场景中。但若患者反应激烈或实践有困难，也可采取想象进入的方法。

学以致用

1.焦虑障碍的预防措施有哪些？
2.焦虑障碍患者如何进行自我监测和自我调节呢？

第五讲　抑郁障碍防治

　　近几年，我们常在新闻报道中听到"抑郁障碍"这个词，似乎这种曾经并不为人所知的疾病正离我们越来越近。许多我们所熟知的名人都曾与抑郁障碍有过交集。他们有的永远地离开了我们，有的通过积极治疗，战胜了抑郁障碍。抑郁障碍是精神科自杀率最高的疾病，但由于对抑郁障碍缺乏正确的认识，导致抑郁障碍患者正确就诊率不到10%。那么抑郁障碍到底是什么？是不是觉得今天心情不好就是抑郁障碍？

案例导入

【案例1-31】高二男生轻度抑郁

　　小琛，高二学生，已经几个星期没有上学。他说："我很想上学，但是我做不到。"小琛在过去数星期内，觉得无缘无故地情绪低落，想哭却哭不出。一天之中，早上的情绪最为低落，晚上失眠，到早上的时候仍然赖在床上，没精打采，到中午的时候，才可勉强自己起来。他发觉自己失去动力，失去兴趣，就连平时最喜爱的电脑游戏或上网与朋友聊天都觉得无趣。甚至，连日常生活，例如洗澡、刷牙及洗脸都觉得力不从心。他觉得自己好像另一个人，觉得自己没有价值，生活没有意义。

【案例1-32】高一女生出现自闭状态

　　小美从小就被送到乡下的外婆家抚养，直到上初中时外婆病逝，才回到城里和父母生活。由于父母疏于管教，她的成绩不太好，初中毕业后进入某中专学校。由于争强好胜的性格，在寝室里常与人争执，很少忍让。长此以往，同学都不敢"惹"她了，人际关系也开始出现危机，总怀疑别人在议论她，对每个室友都充满了敌意。每次看到别人高兴地在一起玩或学

习时，内心充满了孤独感。晚上常常做噩梦，睡眠出现问题，精神状态不佳，常常不知道自己为什么发脾气，也很难控制自己的消极情绪，胃口也不好，最终变成了同学中的"另类"，甚至产生了自闭的状态。

案例思考

1. 如果小琛是你的朋友，你该如何做？
2. 如果你是小美，你有办法改变自己吗？

预防措施

需注意：抑郁障碍常见的危险因素有哪些？

与抑郁障碍相关且较为明确的危险因素有：

（1）家族史，家族中有抑郁障碍患者会明显增加其他家族成员患抑郁障碍的风险。

（2）性别，可能受性激素的影响，成年女性比男性更容易患病，特别是更年期、怀孕或近期分娩、采用一些含激素的计划生育用品或者曾患经前期焦虑障碍。

（3）成长经历，童年的一些不良经历也可能诱发抑郁障碍。比如受虐待、遭到性侵害或者被遗弃。

（4）人格特征，有明显的焦虑、强迫、冲动等特质的个体较易患抑郁障碍。

（5）持续的压力情境，比如长时间生活在贫穷环境中或照护一个长期卧床的病患。

（6）服用特定药物、药物依赖或其他健康问题，如有酒瘾、慢性疾病、严重疾病或其他精神心理问题。

（7）老年人。

必学习：抑郁障碍预防措施有哪些？

我们可以通过以下几项措施来预防抑郁障碍的发生、复发或症状加重。

1.学会自我调节

这是最为关键的预防措施。

（1）养成良好的生活习惯。

抽烟、酗酒、吸毒、乱用药等不良生活方式，都可能导致抑郁障碍发病，我们日常生活中应自觉养成均衡饮食、规律作息、保持户外运动的良好生活方式。

（2）适时肯定自己和制订合理计划。

每晚睡觉以前，总结和肯定自己一天的成绩和进步，并且考虑第二天干什么，制订次日的目标和计划。但不能定得太高，也不要太低，必须留有充分余地。这样每天都可以顺利完成计划。尽量少想消极的东西，最好能记录生活中的各种美好体验和一点一滴的进步，保持对生活的新鲜感，积累自信，并且检视自己的情绪变化。

（3）学会倾诉。

不要把心中的消极情绪堆积下来，而要选择可以信任的对象倾诉，或者选择其他适合自己的方式发泄，比如有氧运动、逛街、看书、旅游等，在这些活动中放松自我。

（4）增强自我抵抗力。

由精神刺激引起的抑郁障碍，不可能从根本上消除刺激源，但学会增强对刺激的抵抗力，加强心理免疫的能力，可以大大降低抑郁障碍的发病率。

2.寻求家人支持

保持家人之间日常的良好沟通，遇到烦心事或难题要向家人倾诉或寻求家人的帮助。有抑郁倾向的人，在家人亲情的滋润下，或许很快就可以摆脱抑郁困扰。

3.寻求社会支持

这在预防抑郁障碍发生当中是不可小看的一项措施。

朋友、伙伴的精神支持，特别是来自好友的关心、尊重，可以改变自己的不良认知和提高适应能力，有助于改善人际关系和培养良好的心态。加深对抑郁障碍的正确认识，建立良好、稳固、完善的社会支持系统，有助于提高抑郁障碍患者的就诊率、治愈率，有效降低抑郁障碍复发率。

补救措施

必掌握：生活中抑郁障碍患者怎样进行自我监测和自我调节？

抑郁障碍是一种以显著而持久的心境低落为主要临床特征，且具有高发、高复发特点的精神心理疾病，绝不仅仅只是心情不好。如果出现下面所述的大部分情况，并且已经持续存在两周，就尽快到专业医疗机构就诊。

不爱说，不爱笑；不爱玩，很烦躁；

身体乏，体重掉；吃不下，睡不着；

无助无望信心凋；自卑自责自萧条；

晨来忧虑最心焦；欲往轻生寻逍遥。

需要特别注意的是，有抑郁症状不等于就是抑郁障碍。正常人遇到不愉快的事情也会忧郁悲伤。抑郁与抑郁障碍有着本质的区别。

抑郁障碍患者除了接受专业的心理治疗、药物治疗和其他专业疗法之外，在日常生活中又该怎样进行自我监测和自我调节呢？

1.自我监测

可以通过抑郁自评量表进行测评，初步判断自己是否患有抑郁障碍或对抑郁障碍的严重程度进行监测。

2.自我调节

（1）基于现实和自身情况制订计划和目标。如果任务艰巨，可以进行分解，确定阶段性目标和实施步骤。不要接受超出能力范围的工作。

（2）悦纳自己，接纳他人。不要为患抑郁障碍而责备自己或他人。

（3）在抑郁情绪控制之后再做重大决策，比如结婚、离婚、工作调动等。与能帮助自己纵观全局的亲友商量这些事。

（4）建立自尊心，并试着保持积极的心态。多关注生活中积极美好的事情。

当然，除了自我监测和自我调节，他人的帮助和社会的支持也至关重要。比如建立互助小组，使有类似经历的人可以互相交流，已治愈的患者可以向其他人传授经验，帮助其他患者建立治愈的信心。与人分担通常比独自面对并保密要更好。

学以致用

1.抑郁和抑郁障碍有什么区别？
2.日常生活中该怎样预防抑郁障碍的发生？

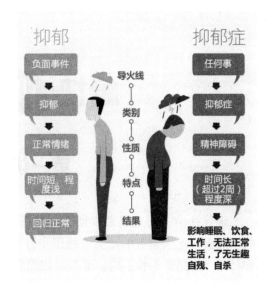

模块 四 交通安全

第一讲 步行安全

现代社会，交通越来越便利，然而交通事故也越来越多，就算步行也会发生交通事故。然而，绝大多数的此类事故跟步行者的不规范行为大有关系，比如不走人行横道随意穿马路，走路低头看手机，等等。我们应该如何安全步行呢？

案例导入

【案例1-33】闯红灯看手机酿大祸

2017年5月27日晚上8时左右，在广东省中山市火炬开发区中山六路的人行横道线上，胡某正闯红灯过马路，这时一辆摩托车向前行驶，撞倒了胡某，摩托车司机和乘客也摔倒在地。原来，胡某在闯红灯时，竟然是一直在看手机，当她看到摩托车驶来时，试图加速躲过，但最终还是导致了事故发生。事故造成摩托车乘客张某受伤，送院抢救无效死亡，而肇事行人胡某，也受伤并被送院救治。

【案例1-34】翻越隔离带穿马路致重伤

2017年10月的某一天上午，张阿姨像往常一样赶公交去超市买东西。当她步行去公交站台时，发现路对面她要乘坐的9路公交即将进站，这时的张阿姨乘车心切，一路小跑竟然翻越路边的隔离带去追赶公交车。然而事故就在她翻越隔离带的一瞬间发生了，正向驶来的另一辆公交车由于避让不及撞到了张阿姨，导致张阿姨重伤。

案例思考

1. 胡某闯红灯看手机导致酿成什么大祸？你能列举出哪些危险的过马路行为吗？

2. 张阿姨为什么受重伤？我们应该怎样规范地过马路呢？

预防措施

需注意：怎样做到安全过马路？

在马路上行走，一定要遵守交通规则，不做危险行为。

（1）熟悉各种交通标志，遵守交通规则。我们要了解各种交通标志的含义，遵守交通规则，一定要按照下面的做法来要求自己：红灯停、绿灯行；横过马路走斑马线；不看手机、不跨栏杆、不乱跑。

（2）正确过马路。马路上人来人往、车水马龙，潜在的危险因素很多，随时可能发生各种交通事故。为了保障自己和他人的安全，过马路时不要横穿猛跑，而应走人行横道、过街天桥、地下通道等安全通道。

（3）不要跨越铁路旁、公路旁的隔离栏。这些栏杆是为了保护行人的安全而设置的，因此为了自身及他人的安全，不要因贪图方便而随便跨越。

必学习：如何安全走路？

1.走路须专注

（1）走路时选择人行道，没有人行道的靠右行走。

（2）行走时不要东张西望，不能边走路边看书、看手机。

（3）不能在公路上进行踢球、溜旱冰等游戏，也不准追逐打闹。

（4）此外，不要因为路上车少人少而放松警惕，甚至在马路中央附近滞留。

2.横穿道路要谨慎

（1）横穿没有交通信号灯的公路或街道时，要走人行横道，注意避让过往车辆，不要在车辆临近时抢行或突然跑过，以防驾驶员反应不过来而发生交通事故。

（2）横穿有交通信号灯的道路时，应做到红灯停、绿灯行，严格遵守交通规则。当信号灯变绿，准备横穿马路时，应看清左右的车辆，然后再穿越马路。在信号灯将要变更时，绝对不要抢行，应等待下一个绿色信号亮起时再前行。

（3）如果道路上设有人行天桥或过街通道，要走人行天桥或过街通道。

（4）列队横穿马路时，横排不能超过两个人。

3. 不要翻越护栏

在行走时，不要为了贪图方便而翻越或钻过护栏、隔离墩越过公路或街道。由于道路上安装了护栏，驾驶员对道路左右的注意力会减弱，如果有人突然翻过护栏进入快车道，驾驶员往往会措手不及。

4. 恶劣天气走路要小心

（1）下雪时，人走在路上很容易滑倒，所以行走时最好穿上防滑的胶鞋，行走速度不宜过快，身体重心也应尽量放低。同时，由于路滑，汽车驾驶往往容易出现刹车侧滑、掉头失控的状况，因此应尽量距离行车道远一些。

（2）下雨时，无论穿雨衣或者打伞，都要调整好雨具的角度，不要让其挡住自己的视线，遇到积水时，最好绕着走。

（3）雾天能见度低，此时应穿颜色鲜艳的衣物便于其他人发现自己，走路要慢而专注。

5. 通过铁路要保证绝对安全

（1）要有序通过。通过有人看守的铁道口时，要听从指挥；通过无人看守的铁道口时，须止步观望，确认左右方向均无火车驶来后，方可通过。

（2）要迅速通过。不要在铁轨上行走、坐卧或玩耍，防止列车快速驶来时因无法避让而发生危险；不要攀爬停下的列车，也不要在列车下钻来钻去，以防摔伤或列车突然起动时发生危险。

补救措施

必掌握：行人遇到交通事故怎么办？

（1）行人与机动车发生事故后，应立即报警，并记下肇事车辆的车牌号，等候交通警察前来处理。

（2）行人被机动车严重撞伤，驾车人应立即拨打110报警，并拨打120求助，同时检查伤者的受伤部位，并采取初步的救护措施，如止血、包扎或固定。应注意保持伤者呼吸通畅，如果呼吸和心跳停止，应立即进行心肺复苏法抢救。

（3）行人与非机动车发生交通事故后，在不能自行协商解决的情况下，应立即报警。

（4）遇到撞人后驾车或骑车逃逸的情况，应立即记下车牌号，并及时追上肇事者；在受伤的情况下，应求助周围群众拦住肇事者，并拨打110报警。

学以致用

1.当你遇到恶劣天气，步行时要注意些什么？

2.当你步行时，看到行人遭遇机动车肇事逃逸，你会怎么做？

第二讲　骑车安全

现今，绿色出行正在成为潮流，越来越多的人选择骑自行车出游办事。虽然自行车出行相对比较安全，也是城市交通中比较理想的代步工具，但是自行车与机动车相撞的交通事故也时有发生，骑车的安全问题不可小视。我们骑车出行需要注意些什么呢？

案例导入

【案例1-35】夜间骑车要当心

14岁的八年级学生蒋某经历了一次让他终生难忘的车祸。那天晚上快八点的时候，蒋某在学校上完自习就骑上自行车准备回家了。当他路过一条很宽的公路时，看到左右两边都没有来往的车辆，便不等绿灯亮了就急匆匆地骑着车要横穿马路。当他骑到路中央时，从右边开来了一辆汽车，在汽车大灯的强光里，他被晃得都看不清路了，只能下意识地往前骑。而等汽车驾驶员看清前面有人时，因为车速太快，已经来不及采取有效措施了。蒋某被撞得摔出去十几米，自行车也报废了。

【案例1-36】骑车穿行要小心

5月21日15时45分，王某驾驶小型客车，在哈尔滨市道里区沿群力大道由西向东行驶至景江西路时，遇有孙某骑两轮自行车（哈啰共享单车）由西向东斜向行驶穿越道路，随后发生碰撞，造成两车损坏及孙某受伤的道路交通事故。经调查认定，孙某骑两轮自行车在没有确保安全的情况下斜穿道路是发生事故的原因之一，最终承担本起事故的同等责任。

案例思考

1.蒋某遭遇的车祸原本可以避免吗？夜间骑车有哪些特别需要注意的地方？

2.孙某为什么也要承担本起事故责任？自行车与机动车发生事故，自行车是否需要承担责任？

预防措施

需注意：骑车时应遵守哪些交通规则？

　　每一条交通法规背后都有千万个血的教训，每一起交通事故都是源于对交通法规的无视。我们骑自行车时需要遵守哪些交通规则呢？

　　（1）不准双手离把、攀扶其他车辆或手中持物骑车，不准牵引车辆或被其他车辆牵引，不准扶身并行、互相追逐或曲折竞驶。

　　（2）骑车不准带人，带学龄前儿童时须遵守有关规定，拐弯时要伸手示意，不准突然猛拐，超车时不得妨碍被超车的行驶，车辆须停放在存车处或指定地点，不准妨碍交通安全畅通。

　　（3）禁止在人行道、人行过街通道或横过人行横道时骑行，不准在道路上学骑自行车，不准在车行道上滞留，不准进入非机动车禁驶区等。

必学习：如何安全地骑自行车或电瓶车出行？

一、安全地骑自行车出行

　　自行车是人们经常会选择的交通工具，那么，怎样才能保证骑车安全呢？我们在这里指出以下几点必须要注意的问题：

　　1.自行车的选择和检修

　　首先要选择车型大小合适的自行车。其次，要经常检修自行车，保持车况完好，车闸、车铃能有效地工作。

　　2.掌握基本的行车规范

　　未满12周岁的儿童不准骑自行车上路；骑车要遵循右行原则；转弯时不抢行猛拐，要提前减速，看清四周情况；经过交叉路口时，要减速慢行，注意来往的行人、车辆；不闯红灯。

　　3.养成良好的行车习惯

　　骑车时不要双手撒把，不多人并骑，不相互追逐；不攀扶机动车辆，不戴耳机听音乐等。

　　4.在雨雪天气骑自行车时更要特别小心

　　（1）雨天骑车时，要穿合身的雨衣，不可一手撑伞，一手扶把。

　　（2）雪天骑车时，要适当地放掉一些轮胎中的气，避免打滑，同时要尽量选择无冰冻的平坦路行车，不要急刹车，不要急拐弯，拐弯时的角度也应尽量大些。

　　（3）天气情况不佳时骑车外出，要注意集中精力，放慢速度，与前面的车辆、行人保持较大的距离，防止发生危险。

5.骑车时要注意保护自己的安全

如果骑车不慎要跌倒时，不要拼命保持平衡，因为勉强保持平衡，往往会忽视对自我的保护，常常会造成严重的挫伤、脱臼或骨折等。遇到这种情况时，要迅速地将自行车抛向一边，人向另一边跌倒。此时，要绷紧全身肌肉，尽可能使身体的大部分面积与地面接触。避免单手或单脚着地，这样会造成比较严重的损伤。

二、安全地骑电瓶车出行

电瓶车是我们中职生常用的出行代步工具，它给我们带来快捷便利的同时，也带来了不可忽视的交通安全隐患。在这里，我们也来了解一些关于电瓶车骑行安全的注意事项。我国法律规定，驾驶电瓶车须年满16周岁。

1.骑行前的安全检查

（1）电瓶车前后气压是否正常（内外胎200kpa，真空轮胎300～350kpa）手指捏不动就行。

（2）检查刹车，捏住刹车用力向前推动车辆，如果能推动就该换刹车片了。

（3）夜晚骑行还要检查大灯远近光、转向灯、后尾灯、刹车灯是否正常，建议粘贴反光条。

（4）不能给电瓶车加装挡风装置，会增加电瓶车行驶过程中的不稳定性，存在安全隐患，容易发生交通事故。

2.骑行前装备检查

（1）安全头盔不可少，电瓶车现在的车速戴头盔是很有必要的，建议不要买十几元钱的回收料加工的头盔，因为真的发生事故，这样的头盔不能起到防护作用，反而易碎增加意外伤害。刺鼻的味道对身体也有伤害。

（2）长距离骑行建议戴护目镜，不要认为墨镜能代替，路上会有飞溅小石子打到镜片，护目镜密封性好。

（3）手套护膝有的也都戴上，特别是陌生路况下长途骑行。

3.安全规则牢记心

（1）不闯红灯。电瓶车20%的死亡事故是闯红灯造成的，不闯红灯应该是一种文明交通的基本素养，不管路口是否有车，不闯红灯就应该作为每一个公民的安全底线。

（2）不占道、不逆行。电瓶车属于非机动车辆，骑行电瓶车上路一定要在规定的非机动车道内，不能随便各个车道乱行驶，否则很容易被机动车刮倒、撞翻。

（3）保持车距、不要并排骑行。与前方电瓶车至少要保持车速的1/10的安全距离，比如40迈的速度至少4米以上的距离。骑行电瓶车尽量用中速，速度太快容易连车带人一起摔倒，特别是在湿漉漉的地面行驶时，减缓车速的同时降低紧急刹车的频率，避免刹车过急而摔倒。

（4）文明礼让、不争不抢，同时留意路况，提前减速避让。

（5）骑行电瓶车不撑伞、不听音乐、不打电话、不看手机。

（6）骑行中遇到路边停着的车辆，不要靠得太近并提前减速，以防车辆突然开门发生事故。

补救措施

必掌握：如何避免骑车安全事故的发生？

中学生"骑车族"往往缺乏自我保护意识和自我控制能力，在参与交通过程中随意性较大，判断力较差，极易导致交通事故的发生。针对中学生骑车安全意识淡薄的现状，我们要加强骑车安全的自我教育，珍爱生命，高度重视交通安全、自觉遵守交通规则。

（1）骑车外出前，先要检查车辆的"铃、闸、锁、牌"是否齐全有效，保证没有问题后方可上路。

（2）不满12周岁的学生，不能在道路上骑车；不满16周岁的学生，不能驾驶电瓶车。

（3）不管是自行车还是电瓶车，都要在非机动车道内骑行，没有划分车道的，要靠右骑行。通过路口时，要严守信号，停车不要越过停车线，不要绕过信号骑行以及不要骑车逆行。

（4）不打伞骑车、不脱手骑车、不骑车带人、不骑"病"车、不骑快车、不平行骑车以及不与机动车抢道。

（5）驾驶电瓶车，一定要佩戴头盔。

（6）遇到恶劣天气，如雷电、大风、下雪或积雪未化、道路结冰等情况最好不要骑车。

骑车安全三字经

骑单车，有规定。满十二，
方可骑。马路上，禁学骑。
骑车时，讲规则。靠右行，
不逆向。不狂蹬，不带人。
下雨天，慎骑车。路面滑，
难刹车。视线差，隐患多。
拐弯时，先减速。过路口，
推车走。靠边行，莫抢道。

学以致用

1.不管是白天还是夜间骑车都不能戴耳机听音乐，为什么？

2.雨雪天骑车出行，有哪些注意事项呢？

第三讲　乘车安全

如今，乘车出行已成了我们的日常生活，私家车、公交车都是我们常用的交通工具，方便了我们的出行，然而车祸的危险也可能随之而来。因此，我们特别需要了解一些关于乘车安全方面的知识。我们应该如何安全乘车呢？

案例导入

【案例1-37】儿童乘车要看好

林女士驾车带儿子去超市购物。车子起动后，儿子高兴地脱了鞋站在后排座位上，两只手扒在驾驶座位上，和妈妈有说有笑。行至一下坡路段时，一辆小车突然从岔道驶出来，刘女士慌忙急刹车避让。随着"嘣"的一声，儿子尖厉地哭起来。急刹车使毫无防备的儿子惯性翻了个跟头，从后排摔到前排驾驶位置上。经检查，儿子全身多处皮肤挫伤，左小腿骨折。

【案例1-38】伸出天窗酿惨剧

2018年10月28日，新余市渝水区经开大道上，驾驶员袁某驾驶一辆小型轿车，在经开大道由南向北（良山镇往新余市区）方向行驶时，乘车人钟某（13岁）将身体伸出车顶天窗外，之后撞到限高横杠，当场身亡。

案例思考

1.林女士应该让孩子怎样乘车比较安全？
2.乘车将手等身体部位伸出车窗外，会有哪些安全隐患？

预防措施

需注意：乘车时应如何注意人身安全和财产安全？

乘车时，我们要注意人身安全及财产安全。

（1）乘车时要系好安全带，不能将身体的任何部位伸出车外。

（2）车辆行驶时，要坐好或站稳，并扶住扶手，防止紧急刹车时摔倒。

（3）外出乘公交车，事先备好零钱，避免露财或阻塞上车通道。上下公交车时，人多拥挤，如遇故意推挤和借机靠近之人，一定要注意防范。

（4）扒手最容易下手的部位是乘客的外衣兜、后裤兜、背包、腰包、手提袋等，这些部位最好不要放钱或手机等贵重物品。应将皮包和贵重物品放在身前或自己视线范围内。

（5）乘车时，保持警觉，别闷头大睡，不接受陌生人的食物、饮料等，免得下车时才发现自己"身无分文"。

（6）一旦发现钱物被窃，应一边注意身边乘客，一边通知司机紧闭车门，并尽可能及时报警。

（7）夜间搭车不要独自在偏僻处下车，以免给歹徒可乘之机。

（8）车上如遇陌生人搭讪，应避免谈论家中经济、财务状况及个人信息等。

（9）乘车遭遇性骚扰，一定要巧妙求援，不要忍气吞声。

（10）不能在车厢内大声叫嚷，要做文明乘客。

必学习：乘坐公共汽车的安全知识有哪些？

一、乘坐公共汽车的安全知识

公共汽车早已成为人们普遍选择的一种交通工具，那在乘坐公共汽车时应注意些什么呢？

1.遵守候车秩序

公共汽车没来时，要在站台上排队候车，不追逐打闹，不猛跑。

2.上车要注意安全

等车辆停稳之后再上车，先下后上。上车后往里面走，站在车门口比较拥挤，且会妨碍别人上车，如有不慎还有被车门夹住的危险。

3.乘车途中注意安全

乘坐公共汽车时，扶好坐稳，切忌把身体伸出窗外。不与驾驶员闲谈；不在行驶的车内蹦跳、打闹；不向车窗外扔东西，否则容易伤到路人或造成交通事故。

4.下车要注意安全

到站后等车停稳再下车，不要拥挤。下车后不要横穿猛跑，过马路时注意安全。

二、中学生乘车安全须知

进入中学，很多同学都要乘车到离家比较远的地方读书。乘坐机动车是广大中学生最常选择的出行方式之一，也是学校组织师生外出活动的主要交通方式之一。

（1）要选好车。外出乘车不要乘坐货车或二轮摩托车等非客运车辆，要选择有准运资格的质量优良的客运车，发现驾驶员过度疲劳或饮酒的，不要乘坐该车，不乘坐超载车辆。

（2）不要在机动车道上等候车辆或招呼出租车，应该在站台上或指定位置依次候车。上车前先确认是否是要乘坐的车辆，避免因慌忙而上错车。不要携带易燃易爆的危险品上车，这些物品会因受热、挤压或意外情况引起爆炸，造成人身伤亡和车辆损坏。

（3）乘车时不要吃东西。乘车时进食存在安全隐患，如遇路面颠簸，汽车在行驶中紧急刹车或者急转弯，可能导致食物进入气管，发生意外。

（4）安全下车后，如需横穿车行道，应在确定没有车辆过往时，从车尾部穿行，切不可从车头部贸然通过。

补救措施

必掌握：乘坐公共汽车发生事故如何自救？

我们乘坐公共汽车出行时，如果不幸中途发生了交通事故或者汽车发生了自燃事故，有效的自救措施可以使我们减少伤害，逃离事故车。那么在公共汽车上常用的逃生方法有哪些呢？

1.打开车门逃生

对于乘客而言，这是最简单也是最快速的逃离事故车厢的办法。但很多时候，车门无法打开，这时，我们就要找到车门上方的放气阀，打开阀盖，顺时针旋转红色旋钮，等待三至五秒钟放完气，就可以手动推开车门逃生。如果从里面无法打开车门，也可以求助路过的行人，请求他们帮助我们从外面打开车门，车门外部应急阀装置和里面的是一样的，操作方法也一样。

2.破窗逃生

一般来说，公共汽车都有安装安全锤，只要使用安全锤敲击玻璃的四个角，玻璃就会呈现蜘蛛网状，这时用脚使劲蹬，即可蹬碎玻璃，跳窗而逃。没有安全锤的情况下，使用其他硬物，比如女士的高跟鞋敲击玻璃的四个角，也可以达到同样的效果。

3.打开车顶的逃生窗口逃生

如果公共汽车侧翻压住了车门，或者由于慌乱没有找到安全锤的情况下，乘客可以打开车顶的逃生窗口，逃离事故车厢。

学以致用

1. 当我们乘坐在高速行驶的车辆里，要牢记哪些安全事项？

2. 上下公交车时，要注意哪些人身和财产安全？

第四讲　驾车安全

车祸猛于虎也，谁说不是呢？好多人原本是大展拳脚的年纪，却因为一场车祸，让年轻的生命随风而逝，着实令人心痛。那我们该如何敬畏生命、谨慎驾车呢？

案例导入

【案例1-39】醉酒驾驶引发车祸

2019年10月14日7时26分，海宁市马桥街道发生一起交通事故。段某驾驶一辆重型普通货车沿马桥红旗路由西往东行驶至红旗路环秀路交叉路口右转弯时，与肖某驾驶的电动自行车发生碰撞，造成电动车驾驶员肖某死亡。民警现场对段某进行呼吸式酒精检测，结果为40mg/ml。

【案例1-40】危险驾驶引发车祸

2008年8月28日，某市一男士驾驶一辆白色运动型轿车，载着全家4口回老家度假探亲，行驶中与一辆卡车相撞，造成轿车上2人死亡。据民警调查，男士开车时打电话发信息向亲友报告行程情况是酿成车祸的主要原因。

案例思考

1. 醉酒驾驶会引起什么后果？
2. 为什么驾车打电话发消息容易造成交通事故？

预防措施

需注意：为什么不能酒驾？为什么驾车不能打电话发信息？

一、酒驾引起的反常表现

由于酒精对人的中枢神经有麻醉作用，酒精进入人体后影响中枢神经系统正常的生理功能，使人出现一系列的反常表现，主要表现在以下几个方面：

（1）饮酒使人的视觉功能降低。驾驶人80%左右的信息是靠视觉获得的，而这些信息绝大部分都由视觉感官获取的。研究发现，当驾驶人血液中的酒精浓度为0.10%时，不能正确发现和知觉交通信号和交通标志标线。

（2）饮酒使人的判断能力下降。血液中酒精增加到一定浓度，驾驶人对距离、速度等的判断能力就会大大降低。研究结果认为，当血液中酒精浓度低于0.05%时，判断力降低的情况因人而异；当浓度达到0.094%时，判断力降低25%。

（3）饮酒使人记忆力降低，对外界事物不容易留下深刻印象，即使以前留下印象的事物也因酒精的影响而难以回忆起来。驾驶人酒后驾驶中记忆发生障碍，一般表现为酒后容易忘记事情。

（4）饮酒使注意力的水平降低。据试验研究，当酒精进入人体内后，注意力易偏向于某一方面而忽略对外界情况的全面观察，注意的支配能力大大下降。行车过程中，注意力如果不能合理分配和及时转移，必然会影响到对迅速多变的交通环境的观察，以致可能丢掉十分有用的道路信息，使交通事故发生的概率增大。

（5）饮酒后人的情绪变得不稳定，自己往往不能控制自己的语言和行为。在驾驶车辆时，则可表现为胆大妄为、不知危险，出现超速行驶、强行超车等违法行为，极易发生交通事故。

（6）饮酒后人的触觉感受性降低，即触觉反应能力也易受酒精的影响。如制动时脚踩下踏板的力度，方向盘的控制状态，汽车的振动情况等，驾驶人都需要依靠触觉获取信息。如果信息感知不灵，驾驶就可能失控，增加了危险性。

二、驾车打电话发信息引起的危害

（1）分散注意力，使人应变能力减弱。开车打电话最主要的危险因素，是双手不能握方向盘，而且开车时打电话会容易让司机分心，进而影响驾驶时的反应能力。正常驾驶时，人遇到紧急情况的应激感知制动时间是0.57秒，而驾驶人边开车边使用手机时，人遇到紧急情况的应激感知制动时间是2.12秒，后者比前者高将近3倍，足以证明使用手机会使驾驶人反应能力严重下降。

（2）导致交通事故风险比通常高。往往有很多驾驶员不是很在意，说看手机就两三秒，哪有那么多的危险，其实车祸往往发生在一瞬间。据调查显示，当车速达到60km/h时，低头看手机3秒，相当于盲开50米，一旦遇紧急情况，至少需要20米的刹车距离。开车看手机的人，千万别拿生命开玩笑！

（3）影响其他车辆的通行效率，加剧路面车辆拥堵。据交警说，近年来在执勤过程中越来越多的发现司机会在等红绿灯的时候看手机。而当红灯跳转成绿灯时，看手机的司机往往要等到后车按喇叭后才能察觉。一辆车慢个一两秒，看起来问题似乎不大。但如果排头的几辆车的司机都在玩手机，起动车辆时都慢一点点，必然会使整条车道的车辆通过率大大降低，进而拖慢各个路口的车辆通行速度，从而加剧整个城市道路的拥堵。

必学习：安全驾车必须做到哪几点？

（1）遵守交通规则。注意遵行各种路面标识。

（2）不要疲劳驾驶，不要超速。

（3）凡遇交叉路口须减速慢行，注意避让人、车。

（4）凡遇隧道、路桥须减速慢行。

（5）复杂路面减速慢行，注意避让人、车。

（6）夜间行驶，注意灯光的使用。与人、车交会时须用近光灯。

（7）遇大风、雨、雪天气减速慢行，必要时停车等待。

（8）保持车况良好，尤其是制动系统和灯光照明必须正常。

（9）不能酒后驾驶。

宁停三分，不抢一秒！

补救措施

必掌握：交通事故如何救助？

1.车祸即将发生时的自救措施

坐在后面的乘客紧紧握住面前的扶手、椅背，两腿微弯向前蹬，这样撞击力就消耗在手腕和腿弯之间，能缓冲身体前冲的速度，减轻受伤害的程度。如果来不及做缓冲动作，就双手抱头，以此减少头部、胸部受到的撞击。

2.汽车行驶坠落水中时的自救措施

坠落时，应该用手护住头部和胸部，尽可能将身体倒在座席上，并紧闭嘴唇，咬紧牙齿，冲击一过，要迅速冷静地做出判断，弄清汽车下沉后的状况。一般汽车着水大多为正方向，如果还能从车窗逃出，应该尽快打开车窗逃出去；如不可能，就应该关闭车窗，控制水的侵入，打开全部车灯，待车内稳定后，再决定从哪个门、窗逃出。解开安全带，脱掉外衣，当水位到下颚时，作一次深呼吸，然后打开门、窗逃出。此时，由于外部水的压力，车门可能难以打开。不过，水灌满车体必然需要一定时间。即使将要灌满时，在车内一定还有一些空气，因此，应该面临危险而从容不迫。

3.车祸发生后救助措施

（1）按就重原则，对伤势较重的伤员优先抢救。对停止心跳呼吸的伤员立刻作心肺复苏。对撞伤、骨折等伤员，要止血、包扎、固定。

（2）由于猛烈撞击和震动，有些伤员可能颅脑损伤、颈椎损伤等，因此，在搬动伤员时，要格外小心，注意预防颈椎错位、脊髓损伤。搬运前在原处放置颈托或颈部固定，以防引起颈椎错位，损伤脊髓，从而发生高位截瘫。

（3）现场简单处理后，伤员应尽快转运到医院。在运送伤员时，伤员保持正确的姿势，如伤员的头部应朝向车尾，脚向车头，以免车辆行进时受加速度影响而减少脑血流灌注。在转运过程中密切关注伤员的状况，主要指呼吸、脉搏、意识变化。

学以致用

1.安全驾车要做到哪些方面？

2.发生交通事故如何自救？

模块 五 消防安全

第一讲　家庭防火安全

　　水火无情，在现实生活中，所有的灾害发生率最高的莫过于火灾。随着社会生产力的发展，社会财富日益增加，火灾造成的损失也在不断增加，而大部分的火灾都是由人为因素引起的。

案例导入

【案例1-41】天然气爆炸引发火灾

　　2020年6月20日9时20分许，内蒙古自治区呼和浩特市某小区一居民家发生天然气爆炸，造成2人死亡，3人受伤。据了解，发生爆炸的是沿河小区一栋居民楼的4楼中户，该居民家窗户玻璃已被炸碎，房子被烧黑，周边的邻居也被殃及，窗户均被震碎，旁边单元居民家也遭到不同程度损坏。

【案例1-42】煤气爆炸引发事故

　　2019年1月8日19时10分许，辽宁省大连市西岗区某居民楼发生煤气爆炸事故，造成9人受伤，伤者已全部送至医院救治，均无生命危险，现场明火已被扑灭。

案例思考

1.家庭防火应该注意哪些方面？
2.一旦家庭发生火灾，我们该怎么做？

预防措施

需注意：常见的家庭火灾隐患有哪些？

　　（1）长期使用电器，导致电器内部过热引起火灾，在使用电视、电风扇、空调、充电器、风筒等家庭常用电器设备时，若使用完了需拔掉电器插头，让电器处于断电状态，避免电器过热引起火灾。

（2）在家里吸烟导致的火灾也是时有发生，切记不要在床上吸烟，如果烟头掉到床上极易引起火灾。点燃的烟头需用水熄灭后扔到垃圾桶，不要直接扔到垃圾桶。

（3）家里不要存储易燃易爆品。例如烟花爆竹、汽油等最好不要放在家里，这些都属易燃易爆品，稍有不慎容易导致火灾。

（4）使用煤气炉后不关煤气瓶，每次在使用煤气炉后必须立即关闭天然气瓶，防止天然气泄漏引起火灾。天然气瓶需摆放在安全的地方，避免太阳暴晒。

（5）电器线路超负荷使用，有的家庭人口较多，同时开启多台空调和电视机，导致线路超负荷使用。

（6）开关安装不当或使用劣质开关，容易导致线路短路引起火灾。在购买电器开关时，需选择质量较好的产品，切记不要购买山寨不合格产品。

（7）保险丝熔断时，有灼热的金属颗粒掉落，如果下面有可燃物，便会引起燃烧。

（8）带插座的吊灯座配用的电源线截面较小而使用功率过大使芯线发热起火。

必学习：常见用电、用气安全知识有哪些？

一、用电安全

1.居民住宅中安全用电常识

（1）室内用电插排周围切勿堆放衣服等易燃或者可燃物品，防止线路老化或者短路后引发火灾。

（2）正确使用家用电器，认真阅读和学习说明书，降低电器设备人为耗损。

（3）合理布置底线，合理规范地布置，能有效防止短路等现象。

（4）做好防火灭火工作，人走电需断。

2.厨房安全用电常识

（1）湿手不得接触电器和电器装置，否则易触电。

（2）电磁炉等设备需要常关电源，长时间通电会损坏电器。

（3）烹饪时切忌随意离开。

（4）避免儿童进入厨房。

3.常用家用电器安全用电

（1）如何预防微波炉火灾？

忌使用封闭容器。忌油炸食品。忌长时间在微波炉前工作，炉内应经常保持清洁。

（2）如何预防电热毯火灾？

看清使用的电压与家庭电源的电压是否一样。不要弄湿电热毯，否则容易造成漏电。避免折断电热丝，防止造成短路。通电时间不能过长。普通型电热毯不要与热水袋、其他热源同时使用，避免造成局部过热。电热毯使用完后要拔掉电源插头。

（3）如何预防电熨斗火灾？

使用过程中切忌离开。电熨斗未完全冷却时切勿收回，垫板应使用不燃材料。

4.夏季使用电器应注意事项

（1）夏季使用电器应该注意时间，避免机器过热引发短路。

（2）对频繁使用的电器，应当定时检查和保养。

（3）南方夏季雨水较多，电器易受潮，应当及时检查绝缘装置。

（4）闲置电器应拔掉插头。

二、安全使用燃气常识

（1）选用符合国家质量标准的、由专业厂家生产、符合当地气质要求的燃气器具。

（2）出远门或长期不在此屋居住时，务必关闭表前阀。

（3）经常检查燃气具开关是否关闭良好，检查室内立管和穿楼板处管道是否锈蚀严重，以防燃气泄漏，造成事故隐患。

（4）当使用燃气具时，不要远离。如果必须离开，应先将炉火熄灭。

补救措施

必掌握：家用电器或线路着火应该如何扑救？火灾逃生方法有哪些？

一、家用电器或线路着火扑救方法

（1）电器若散发像燃烧橡胶或塑料的气味，甚至冒出白烟，应该立刻拔掉电源插头。

（2）切勿向失火电器泼水，即使已经拔掉电源也是如此。

（3）对起火的电器做了一定处理后，最好保持一定距离，不要上前查看，等待消防员到场处理。

二、火灾逃生方法

（1）棉被护身法。用浸湿过的棉被（或毛毯、棉大衣）盖在身上，确定逃生路线后，用最快的速度冲到安全区域，但千万不可用塑料雨衣作为保护。

（2）毛巾捂鼻法。火灾烟气具有温度高、毒性大的特点，人员吸入后很容易引起呼吸系统烫伤或中毒，因此在疏散中应用湿毛巾捂住口鼻，以起到降温及过滤的作用。

（3）匍匐前进法。由于火灾发生时烟气大多聚集在上部空间，因此在逃生过程中，应尽量将身体贴近地面匍匐（或弯腰）前进。

（4）逆风疏散法。应根据火灾发生时的风向来确定疏散方向，迅速逃到火场上风处躲避火焰和烟气，同时也可获得更多的逃生时间。

（5）绳索自救法。家中有绳索时，可直接将其一端拴在门、窗楼或重物上，沿另一端爬下，在此过程中要注意手脚并用（脚成绞状夹紧绳，双手一上一下交替往下爬），并尽量用手套、毛巾将手保护好，防止顺势滑下时脱手或将手磨破。

三、正确拨通119的方法

拨通119后需要讲清以下几点。

（1）火灾地点（区县街道门牌或乡村的具体地点）。

（2）大致火情：燃烧物品、火势大小、起火建筑。

（3）个人信息：姓名、地址和联系方式。

学以致用

1.家用电器或线路着火扑救方法有哪些？

2.逃生方法有哪些？

第二讲 学校防火安全

"预防为主，防消结合"，火灾是可以预防的，有效的预防工作是减少火灾危害的最经济、最有效的方法；灾难是可以避免的，火灾一旦发生，掌握必要的火场自救逃生常识和技能，是最大限度减少火灾伤亡的有力保障。

案例导入

【案例1-43】高校宿舍违规使用电器发生火灾

2008年11月14日早晨6时10分左右，上海某高校一学生宿舍楼发生火灾，火势迅速蔓延导致烟火过大，4名女生在消防队员赶到之前从6楼宿舍阳台跳楼逃生，不幸全部遇难。初步判断火灾事故原因是，寝室里使用"热得快"引发电器故障，引燃周围可燃物。

【案例1-44】高校宿舍发生火灾逃生顺利

2008年5月5日，某高校28号楼6层女生宿舍发生火灾，楼内弥漫浓烟，6层的能见度不足10米。着火宿舍楼可容纳学生3 000余人，火灾发生时大部分学生都在楼内，所幸消防员及时赶到，千名学生被紧急疏散，没有造成人员伤亡。

案例思考

1. 上海某高校4名女生死亡的原因是什么？
2. 宿舍楼着火没有人死亡，采取了什么措施？

预防措施

需注意：引起学校火灾的主要原因有哪些？

（1）违规用电引发火灾。据统计，每年的校园火灾中，电气引发的火灾占30%～40%。有些学生在宿舍中存在违规使用电热杯、电火锅、热得快、电吹风等，这些大功率电器容易引发火灾。

（2）宿舍内使用明火据相关资料显示，在宿舍内使用明火而引发火灾的比例占校园火灾的25%左右。

（3）直接使用明火的情况又分为学生吸烟引燃可燃物；违规使用酒精锅或炉灶等；点蜡烛、蚊香引燃可燃物。

必学习：学校常见防火知识措施有哪些？

一、防火的基本措施

（1）控制可燃物。用非燃或不燃材料代替易燃或可燃材料；采取局部通风或全部通风的方法，降低可燃气体、蒸气和粉尘的浓度；对能相互作用发生化学反应的物品分开存放。

（2）隔绝助燃物。就是使可燃性气体、液体、固体不与空气、氧气或其他氧化剂等助燃物接触，即使有着火源作用，也因为没有助燃物参与而不致发生燃烧。

（3）消除着火源。就是严格控制明火、电火及防止静电、雷击引起火灾。

（4）阻止火势蔓延。就是防止火焰或火星等火源窜入有燃烧、爆炸危险的设备、管道或空间，或阻止火焰在设备和管道中扩展，或者把燃烧限制在一定范围不向外延烧。

在校园防火范畴内，大体包括学生宿舍、教室、实验室、体育馆、报告厅、食堂等方面。

二、学生宿舍防火

在宿舍，同学应自觉遵守宿舍安全管理规定，做到不乱拉乱接电线；不使用电炉、电热杯、热得快、电饭煲等大功率电器；使用台灯、充电器、电脑等电器要注意发热部位的散热；室内无人时，应关掉电器的电源开关；不要躺在床上吸烟或乱扔烟头；不点蜡烛，不在宿舍使用明火和焚烧物品。

三、教室、实验室、教研室的防火

在实验室实习时，一定要严格遵守各项安全管理规定、安全操作规程和有关制度。使用仪器设备前，应认真检查电源、管线、火源、辅助仪器设备等情况，使用完毕应认真进行清理，关闭电源、火源、气源、水源等，还应清除杂物和垃圾。尤其是使用易燃易爆危险品时，更要认真执行防火安全规定。中途离开实验室时，应切断电源。

四、体育馆、报告厅、食堂的防火

要遵守消防安全制度，做到不携带易燃易爆品，如汽油、酒精等，还应保持安全通道的畅通。

补救措施

必掌握：学校火灾逃生法

（1）迅速组织相关人员携带消防灭火器具赶赴现场进行扑救。

（2）楼内发生火灾时，应立即打开楼房的所有大门，关闭电源，打开应急灯。

（3）行政值班人员和各相关部门负责人要在最短的时间内到达现场，组织人员疏散。

（4）通信联络组成员根据火势如需报警立即就近用电话或手机报告消防中心（电话119），报告内容为"学校地址及火情"，待对方询问完毕后才能挂机。

（5）组织实施。疏散引导组成员迅速组织全校师生疏散逃生，班主任或正在上课的老师负责组织本班学生疏散逃生。具体疏散安排由当时正在上课的老师负责组织本班学生疏散，就近跑向学校广场、操场、附近空地及其他安全场所。其他老师在疏散场地待命并维持秩序。

学以致用

1.寝室发生火灾，你该怎么办？

2.火灾发生后，你还需要做什么？

第三讲　公共场所防火安全

大多数火灾就发生在我们身边，大多数火灾都是我们缺乏火灾预防知识造成的，大多数火灾伤亡都是由于我们不会自救逃生造成的。在与火灾作斗争的过程中，我们既是救助对象，又是自救、救人的主体。

案例导入

【案例1-45】商场着火致消防员牺牲

2013年10月11日凌晨2时59分，北京某商场开始着火，大火整整烧了8个多小时，直到上午11时才被扑灭，过火面积约1 500平方米。北京市公安局指挥中心共计调派了15个消防中队的63辆消防车、300余名官兵会同石景山分局相关部门赶赴现场处置。由于火灾发生在凌晨，大厦工作人员及商户无人员伤亡，但两名参与救火的消防救援人员不幸牺牲。

【案例1-46】商场着火消防设施形同虚设

2008年1月2日20时许，新疆某批发市场发生火灾。此次火灾使投资1 000万元安装的建筑消防设施，形同虚设。过火面积达65 000平方米，导致1 046家商户的财产化为灰烬，有3名消防救援人员殉职，火灾财产损失约5亿元。

案例思考

1. 公共场所发生火灾，首先要做的是什么？
2. 新疆某批发市场发生火灾为何损失惨重？

预防措施

需注意：引发公共场所火灾的原因有哪些？

公共场所发生火灾绝大多数都是人为造成的，主要原因是：

（1）为了临时用电，在原有的线路上接入大功率的电气设备，使其长期过载运行，破坏了线路绝缘，引起火灾。

（2）对电气线路缺乏维护和检修，致使长年使用的线路绝缘破损后发生漏电、短路等引起火灾。

（3）使用移动灯具的插头和插座接触不良而发热或照明灯具的位置与可燃物的距离过近，也会因温度过高而烤燃起火。

（4）使用电熨斗、电吹风、电烙铁等，用后忘记切断电源，搁置在可燃物上；或者用完后，余热未散，立即装入可燃的包装内，因温度过高引起火灾。

（5）使用电热杯、电炉、电褥子等电热设备长期通电，或忘记关闭电源开关，也容易造成火灾事故。

（6）公共场所随意吸烟，乱扔烟头或火柴，也是造成火灾的主要原因。

（7）影剧院、俱乐部在演出时，为了增强演出效果，使用鞭炮、烟火等易燃易爆物品也会引起火灾。

（8）维修公共场所设施时，违章使用电、气焊，使火花落在可燃物上引起火灾。

（9）一些场所停电时，使用蜡烛照明，忽视安全，引燃幕布等可燃物或动用明火找东西都会引起火灾。

必学习：进入公共场所预防火灾的要点有哪些？

（1）市民到商场、市场等公共场所活动，要留意安全出口和疏散通道位置，一旦发生火灾等紧急情况，能够迅速疏散逃生。

（2）周末促销活动较多，厂家在搭设展台时严禁占用疏散通道、安全出口，拉接电气线路应由专业电工实施，严禁违章使用大功率电器设备。

（3）严禁携带易燃易爆危险品进入公共场所，严禁在有火灾、爆炸危险的场所吸烟、使用明火。

（4）保证安全出口、疏散通道畅通，掌握一定的逃生知识和初起火灾的扑救技能。

（5）夜间是火灾高发时段，安装24小时自动值守的无线火灾报警系统，并保证发生火情系统可以正常向外拨打电话和发送短信。

补救措施

必掌握：商场（市场）火灾逃生法有哪些？

（1）利用疏散通道逃生。每个公共场所都按规定设有室内楼梯、室外楼梯，有的还设有自动扶梯、消防电梯等，发生火灾后，尤其是在初期火灾阶段，这都是逃生的良好通道。在下楼梯时应抓住扶手，以免被人群撞倒。不要乘坐普通电梯逃生，因为发生火灾时，停电也时有发生，无法保证电梯的正常运行。

（2）自制器材逃生。公共场所是物资高度集中的场所，发生火灾后，可利用逃生的物资是比较多的。如：毛巾、口罩浸湿后可制成防烟工具捂住口、鼻，利用绳索、布匹、床单、地毯、窗帘来开辟逃生通道；如果商场（集贸市场）还经营五金等商品，还可以利用各种机用皮带、消防水带、电缆线来开辟逃生通道；穿戴商场（集贸市场）经营的各种劳动保护用品，如安全帽、摩托车头盔、工作服等可以避免烧伤和坠落物资的砸伤。

（3）利用建筑物逃生发生火灾时，如上述两种方法都无法逃生，可利用落水管、房屋内外的突出部分和各种门、窗以及建筑物的避雷网（线）进行逃生或转移到安全区域再寻找机会逃生，这种逃生方法利用时，要大胆又要细心，特别是老、弱、病、妇、幼等人员，切不可盲目行事，否则容易发生伤亡。

（4）寻找避难场所。在无路可逃的情况下应积极寻找避难场所。如到室外阳台、楼房平顶等待救援；选择火势、烟雾难以蔓延的房间关好门窗，堵塞间隙，房间如有水源，要立刻将门、窗和各种可燃物浇湿，以阻止或减缓火势和烟雾的蔓延。无论白天或晚上，被困者都应大声呼救，不断发出各种呼救信号，以引起救援人员的注意，帮助自己脱困。

学以致用

1. 在公共场所如果发现安全隐患该怎么办？
2. 到达公共场所第一步应该做什么？

模块 **六** 生活安全

第一讲　食品安全

当今社会中，一日三餐是人们必不可少的，人的健康与饮食的卫生关系重大，日常饮食中一旦有什么对人体有害的东西，轻则会食物中毒，重则会死亡。因此，我们除了要根据自身的情况合理调配食谱外，更应加倍注意食物中毒问题。那我们该如何预防呢？

案例导入

【案例1-47】"香蕉奶露"竟将24人送医院

某年7月26日下午，安徽省池州市一女子报警，其丈夫和女儿在食用当地"优美滋"蛋糕店生产的"香蕉奶露"蛋糕后，出现呕吐腹泻、高烧现象，即到医院就诊。7月29日下午，经池州市市场监督管理局调查，共有22人在食用当地"优美滋"蛋糕店生产的"香蕉奶露"蛋糕后出现不适症状，其中10人留院观察，3人住院治疗，其他9人随诊。经医疗、疾控等相关部门检测，此次聚集性食源性疾病事件致病主要原因为沙门氏菌污染"优美滋"蛋糕店"香蕉奶露"产品，引起进食者出现急性胃肠炎。

【案例1-48】误食毒蘑菇导致死亡

因误食毒蘑菇不幸死亡的患者姓王，家住莲都区联城街道某村。6月8日中午，王女士的丈夫将山上摘来的不知名野生蘑菇烹饪后食用，王女士大约吃了50克，并把蘑菇汤全部喝完。6月9日中午，并未感到不适的王女士觉得头天吃的野生蘑菇十分鲜美，于是又煮了一些食用。结果，当晚王女士就出现了恶心、呕吐等症状。

6月10日下午，王女士被送到市人民医院急诊科，以"胃肠炎"入院治疗。随后，王女士很快出现了肾功能、肝功能衰竭的症状，情况十分危急。经过院方10天的抢救，她还是于6月20日离开人世。

良心岂能打折

面对食品，你也能跨越你的良心吗！

案例思考

1. 安徽省池州市部分市民食用"优美滋"蛋糕中毒，你有什么建议吗？
2. 王女士误食野生毒蘑菇导致中毒，你怎么看？

预防措施

需注意：食物中毒的种类和特点有哪些？

一、食物中毒的种类

食物中毒主要分为细菌性食物中毒、植物性和动物性食物中毒、化学性食物中毒。

（1）细菌性食物中毒：肉、鱼、蛋、乳类，凉菜、剩余饭菜等容易被细菌污染的食物以及霉变食物中毒。

（2）植物性和动物性食物中毒：如河豚、贝类及鱼类等有毒动物引起的中毒以及由毒蘑菇、豆角、毒蕈、含氰苷植物及棉籽油的游离棉酚等有毒植物引起的中毒。

（3）化学性食物中毒：重金属、亚硝酸盐及农药中毒等。被农药污染的蔬菜、水果，受有毒藻类污染的海产贝类等。

二、食物中毒的特点

（1）中毒者在相近时间内均食用过某种相同的可疑中毒食物。

（2）潜伏期较短，发病急剧，病程较短。

（3）中毒者的一般临床表现为急性胃肠炎症状，如腹痛、腹泻、呕吐等。

必学习：如何提高食品安全意识？如何识别蘑菇中毒的症状？

一、提高食品安全意识

食品安全已经成为影响人类健康和国计民生的重大问题，我们要提高食品安全意识。

（1）养成良好的卫生习惯。饭前便后要洗手，防止病从口入。比如说，手上沾有致病菌，再去拿食物，污染了的食物就会进入消化道，就会引发细菌性食物中毒。

医务人员七步洗手法

● 彻底有效洗手　● 每次40~60秒　● 不共用擦手手巾

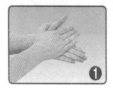

① 掌心相对，手指并拢，相互搓擦；

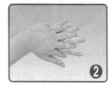

② 手心对手背沿指缝相互搓擦，交换进行；

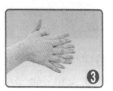

③ 掌心相对，沿指缝相互搓擦；

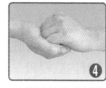

④ 弯曲手指关节，双手指相扣，互搓；

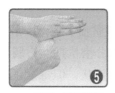

⑤ 一手握另一手大拇指旋转搓擦，交换进行；

⑥ 将五个手指尖并拢在另一手掌心旋转搓擦，交换进行；

⑦ 如有必要，螺旋式擦洗手腕，交换进行。

（2）不到没有卫生许可证的小摊贩处购买食物。

（3）选择新鲜和安全的食品。购买食品时，要注意查看是否有腐败变质。要查看其生产日期、保质期。不能买过期食品和没有厂名厂址的产品。

（4）食品在食用前要彻底清洁。生吃瓜果要洗净。瓜果蔬菜在生长过程中不仅会沾染病菌、病毒、寄生虫卵，还有残留的农药、杀虫剂等，如果不清洗干净，不仅可能染上疾病，还可能造成农药中毒。菜豆和豆浆含有皂苷等毒素，不彻底加热会引起中毒。

（5）尽量不吃剩饭菜。如需食用，应彻底加热。剩饭菜，剩的甜点心、牛奶等都是细菌的良好培养基，不彻底加热会引起细菌性食物中毒。

（6）不吃霉变的粮食、甘蔗、花生米（粒上有霉点），其中的霉菌毒素会引起中毒。

（7）警惕误食有毒有害物质引起中毒。装有消毒剂、杀虫剂或鼠药的容器用后一定要妥善处理，防止用来喝水或误用而引起中毒。

（8）饮用符合卫生要求的饮用水。不喝生水或不洁净的水，要喝白开水。

（9）提倡体育锻炼，增强机体免疫力，抵御细菌的侵袭。

二、蘑菇中毒后的症状

"如果不是专门研究菌类的人，是很难判断野生蘑菇有没有毒。所以，对于野生蘑菇，最好都不要采摘食用。"常见的几种毒蘑菇如下。

蘑菇中毒后的症状在临床上可分为五种类型。

胃肠型：潜伏期为30分钟至6小时，有恶心、剧烈呕吐、腹泻等症状。

神经精神型：潜伏期10分钟至2小时，除胃肠炎症状外，尚有流涎、流泪，严重者可出现幻觉、精神错乱等。

溶血型：潜伏期为6至12小时，可出现急性贫血、黄疸、肝脾肿大等症状。

脏器损害型：潜伏期10至24小时，临床上分潜伏期、胃肠期、假愈期、内脏损害期和恢复期。应特别注意假愈期，此时病人无任何症状，但毒素正向肝肾内脏侵犯，病情恶化较快，可导致死亡。

光过敏性皮炎型：潜伏期约24小时，与光接触部位皮肤肿胀，指尖剧痛、指甲根部出血，嘴唇肿胀外翻。

补救措施

必掌握：感觉食物中毒时可采用哪些补救措施？

感觉食物中毒，可采取以下措施。

（1）立即停止食用可疑食品。

（2）饮水。立即喝下大量洁净水，稀释毒素。

（3）催吐。用手指压迫咽喉，尽可能将胃里的食物吐出。

（4）用塑料袋留好呕吐物或粪便，送医院检查，以便于诊断。

（5）出现脱水症状（如皮肤起皱、心率加快等），应尽快将中毒病人送往附近医院救治。

学以致用

1. 如何提高食品安全意识？

2. 感觉食物中毒时可采取哪些措施？

第二讲　用电安全

夏季的酷热使人难耐，空调、电风扇也都转了起来，冬季的寒冷使电热毯用了起来，因为使用这些电器而造成的火灾、触电事故每年都有发生，怎样既安全又科学地用电，是每个家庭必须注意的大事。那我们该如何安全用电呢？

案例导入

【案例1-49】误接地线与火线，一家三口惨触电

2017年8月7日，浙江省温州市瓯海区某街道某住宅16幢502室发生了一起触电事故，导致一家三口惨死的悲剧，在当地引发了震动。据专家初步勘查，事故的直接原因是事发前该单元302室修理线路时将地线与火线错接，导致整个单元地线带电，正好502室的一名家庭成员在使用电热水器洗澡时经由喷洒管触电，其他两名家庭成员在施救过程中相继触电，最终导致三人均触电身亡。事发时由于触电电源来自其他家庭，所在小区配电情况非常混乱，配电系统老化却没改造，整个住宅区均无安装漏电保护开关，尽管出现了火线漏电情况，也未能起到安全保护作用。

【案例1-50】小疏忽竟让电吹风引发大火灾

2019年12月11日凌晨，广东省珠海市香洲区一小区发生火灾，接警后，当地消防部门迅速调派8台消防车、40名消防指战员赶赴现场处置。到场后，发现房间被烧得面目全非，过火面积约1平方米，所幸未造成人员伤亡。经现场勘查，起火原因是吹风机使用后未关闭搁置在沙发上，引发火灾。

案例思考

1. 瓯海一家三口死亡的原因是什么？
2. 广东省珠海市香洲区一小区发生火灾的原因是什么？

预防措施

需注意：安全用电的基本常识有哪些？

（1）禁止用手去移动运转的家用电器，如台扇、洗衣机、电视机，等等。

（2）禁止赤手赤脚去修理家中带电的线路或设备。

（3）禁止用湿手摸、湿布擦灯具、开关等电器用具。

（4）禁止随意将三眼插头改成两眼插头。

（5）禁止乱拉、乱接电线。

（6）禁止私自在原有的线路上增加用电器具。

（7）禁止使用不合格的用电设备。

（8）禁止无人看管的情况下使用电熨斗、电吹风、电炉等电器。

（9）禁止私设电网捕鱼、防盗、狩猎等。

（10）禁止用铅线、铜线等替代熔线用作保险丝。

必学习：安全用电常识和安全用电的原则有哪些？

一、安全用电常识

（1）自觉遵守安全用电规章制度，用电要申请，安装、修理找电工，不私拉乱接用电设备，用电要安装漏电保护器。

（2）不能往电力线、变压器上扔东西，不能在电力线附近放炮及燃放烟花爆竹、采石、修房屋、立井架、砍伐树木。

（3）不能使用挂钩线、破股线、地爬线和绝缘不合格的导线接电。

（4）不要将电话线、广播线与电力线混装在一起。

（5）不能攀登、跨越电力设施的保护围墙、遮栏。

（6）电灯线不宜过长，要将灯头固定，不要将灯头拉来拉去，当手电筒用。

（7）不能私设电网防盗、捕鱼、狩猎、捉鼠。

（8）不能在电力线下盖房子、打机井、堆放柴草、栽种树木。

（9）晒衣服的铁丝要远离电线，更不能在电线上挂、晒衣物。

（10）所种藤蔓植物不能缠。

二、安全用电原则

（1）不靠近高压带电体（室外、高压线、变压器旁），不接触低压带电体。

（2）不用湿手扳开关，插入或拔出插头。

（3）安装、检修电器应穿绝缘鞋，站在绝缘体上，且要切断电源。

（4）禁止用铜丝、铝丝、铁丝代替保险丝，禁止用橡皮胶代替电工绝缘胶布。

（5）在电路中安装触电保护器，并定期检验其灵敏度。

（6）下雷雨时，不使用收音机、录像机、电视机，须拔出电源插头和电视机天线插头。

（7）下雷雨时，暂时不使用电话，如一定要用，可用免提功能键。禁止边充电边玩手机。

（8）严禁私拉乱接电线，禁止学生在寝室使用电炉、"热得快"等电器。

（9）不在架着电缆、电线的下面放风筝和进行球类活动。

（10）不随意拆卸、安装电源线路、插座、插头等，不可用手或导电物（如铁丝、钉子、别针等金属制品）去接触、探试电源插座内部。

三、使用电器安全注意事项

（1）使用电器前，先阅读使用说明书，尤其要读懂注意事项。

（2）带金属外壳的电器应使用三脚电源插头。

（3）电器使用完毕后应拔掉电源插头；插拔电源插头时不可用力拉拽电线，以防电线的绝缘层剥落。

（4）电压波动大时要使用保护器。

（5）家用电器在使用中，发现有异常的响声、气味、温度、冒烟冒火，要立即切断电源，不可盲目用水扑救。

补救措施

必掌握：发生触电时应采取哪些措施？

实验研究和统计表明，如果从触电后1分钟开始救治，则90%可以救活；如果从触电后6分钟开始抢救，则仅有10%的救活机会；而从触电后12分钟开始抢救，则救活的可能性极小。因此当发现有人触电时，应争分夺秒，采用一切可能的办法。

发生触电事故时，在保证救护者本身安全的同时，必须采取以下急救措施。

（1）设法及时关断电源，或者用干燥的木棍等物将触电

者迅速脱离电源，不要用手去直接救人。

（2）解开妨碍触电者呼吸的紧身衣服。

（3）检查触电者的口腔，清理口腔的黏液，如有假牙，则取下。

（4）触电后的病人如果神志清醒，但感乏力、头昏、心悸、出冷汗，甚至恶心呕吐，应让其就地平卧，严密观察，暂时不可站立或走动，防止继发性休克或心衰。

（5）如果病人神志不清，但呼吸、心跳尚存，应使其仰卧，保持周围空气流通，并立即拨打"120"通知医院。

（6）如呼吸停止，采用口对口人工呼吸法抢救，若心脏停止跳动或不规则颤动，有可能是"假死"现象，可进行人工胸外挤压法抢救，决不能无故中断。

（7）如果触电者靠近高压电，你必须保持在50米以外，应尽快报警，切不可盲目施救。

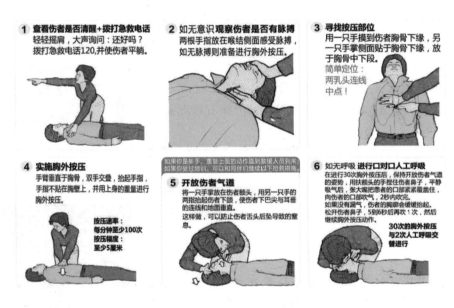

学以致用

1. 家里电器着火时，你知道怎么做了吗？

2. 若遇他人触电，如何对其进行施救？

第三讲　游泳安全

炎炎夏日到了，气温也节节攀升，不少人选择游泳作为消暑解热的活动。可是我们会经常听到一些溺水事故的发生，那我们该如何珍爱生命、预防溺水呢？

案例导入

【案例1-51】海滩溺水事件

某学院两名学生在假日海滩游玩时不幸落水，当时在场的两名员工奋勇下水救人，后将一名落水女生救起。经过近9个小时的努力，在海口市公安局消防支队特勤一中队、西海岸边防派出所和假日海滩管理公司员工近百人的搜救下，第二天凌晨3时许，终于将男孩的尸体打捞上来。

【案例1-52】池塘溺水事件

2020年6月14日14点10分，千喜救援队芝英中队接到指挥中心指令：方岩象鸣畈池塘有人溺水，需要紧急出勤。刚好在附近的队员程某某不到十分钟就赶到了现场。赶到现场时，他发现溺水者已由附近村民拉到岸边，只是溺水者没有任何意识。程某某便迅速来到溺水者处，赶紧给溺水者做起心肺复苏，大约十分钟后，120救护车也赶到现场。程某某便将溺水者交给医护人员，医护人员迅速将溺水者抬上救护车送往医院急救。

案例思考

1. 到海滩游泳时应如何避免溺水？
2. 水库游泳时需不需要戴游泳护具？

预防措施

需注意：为何夏天频发溺水事故？

为何夏天会频发溺水事故呢？造成游泳时发生意外事故主要有三个因素。

一是技术，很多人看似会游泳，但不经常游，一到水域复杂的地方往往会发生危险。

二是地形，野外水域的地形相对比较复杂，很多地方深浅不一，水性不怎么好的人，一旦踩空会慌张，极易发生危险。

三是水温，一些水域，特别是山上的一些水库、溪流等，水温偏低，与高温天气形成了巨大反差，一旦下水很容易引发抽筋，引发溺水。

必学习：游泳时水中遇险怎么办？岸上同伴怎么施救？

一、游泳时预防溺水措施

1.尽量保持头后仰、口向上

不会游泳的人落水，要尽量保持头后仰，使口鼻露出水面呼吸，不能将手上举或挣扎，以免身体下沉。在深水域溺水，尽量让上身保持在水面以上。深吸一大口气，胸腔充满气体时身体就会向上浮；当吐气时，胸腔气体排出，身体会下沉。换气时一定要注意，大口吸气前要将憋在胸腔的气体全部呼出去再吸气，以免长时间憋气造成缺氧。

2.寻找支撑点以求站立

在倒梯形的人工河渠里落水，首先不要着急爬上来。由于两侧具有一定坡度，很难爬上来。应尽量去扶住两岸墙壁，寻找支撑点，以求站立起来，把头露出水面，再大声呼救。

3.水中抽筋不要发力划水

游泳者在水中抽筋时，先深吸一口气，憋到水里，双手去扳脚趾，用力向前伸腿，最大限度地拉伸筋脉，越伸展越好。如果此时憋不住气了，可以换一次气，再憋气继续扳，直到疼痛缓解，再缓缓地游向岸边，上岸处理。

4.被水草缠住切莫乱撕扯

在野外水域被水草缠住时，千万不要惊慌。深吸一口气，潜下去看看水草是什么结构，怎么被缠住了，想办法松开。如果憋气时间短，可以上来换气，再潜下去松开水草。千万不要盲目去撕扯。

二、岸上同伴施救措施

1.不要盲目下水施救

在自然水域发现有同伴溺水，不了解水域环境的、水性不佳的同伴一定不要盲目下水。

2.施救注意事项

如果非要下水救人，一定要注意同伴们不要全部下水救人，至少留有一人在岸上大声呼救并拨打120、110。

补救措施

必掌握：溺水者被救上岸后如何施救？

溺水者被救上岸后，如何进行急救，是抢救溺水者生命的关键。

市急救中心的急救专家说，溺水是指被水淹没导致原发性呼吸系统损伤的过程。溺水过程大致分为屏气期、喉痉挛期、水入呼吸道期、心脏骤停期，溺水者被救上岸后，应立即展开施救。

（1）当溺水者处在清醒，有呼吸、有脉搏时，应立即呼叫120，救援人员应陪伴并为溺水者进行保暖，等待救援人员或送医院观察。

（2）当溺水者处在昏迷（呼叫无反应），有呼吸有脉搏时，应立即呼叫120，清理溺水者口鼻异物，稳定侧卧位，等待救援人员，并且密切观察其呼吸脉搏情况，必要时做心肺复苏。

（3）当溺水者处在昏迷、无呼吸、无脉搏时，应即刻清理口鼻异物、开放气道、人工呼吸、胸外按压，即采用传统的心肺复苏急救顺序，切记同时呼叫120，并持续复苏至患者呼吸脉搏恢复或急救人员到达。

学以致用

1. 游泳时发生溺水，你该如何自救？
2. 若遇他人溺水，如何对其进行施救？

第四讲　远离毒品

毒品对人类社会的危害极大，它不仅摧毁人的意志、人格及良知，严重危害健康，而且是一种犯罪行为，是社会不安定的重要因素。那我们该如何珍爱生命、远离毒品呢？

案例导入

【案例1-53】别让盲目的爱情毁掉美丽的一生

2018年3月，她查出携带艾滋病毒。医院的检查单像个晴天霹雳，把这个女孩彻底打傻。

"我太相信爱情，太相信他了。"女孩口中的他，就是她的前男友——一个吸毒者。3年前，一场甜蜜的恋爱改变了她的人生。2015年，18岁的H独自从湖南老家来到宁波，找到一份酒店前台的工作。有一次，同事邀请H去一个KTV玩，在那里，她认识了一个大她几岁的男生，对方热情主动，后来她跟男生去酒吧，男生拿出一小袋东西，说这叫冰毒，最时尚最潮的年轻人都在玩，只要试上一点，整个人就会飘起来，什么烦恼都不记得了。

H刚开始是拒绝的，经不住男生一再怂恿："我们关系这么好，我难道会坑你吗？"在男生的怂恿和酒精的作用下，她壮着胆子试了试，第一次吸毒，吐了一晚上，但吐完以后，她真的感觉自己轻飘飘的……从这之后，男生便经常邀请H一起吸毒，每次别人吸毒都要给钱，但男生从不肯让H掏钱，慢慢地男生成了H的男朋友，两人住到了一起。

H说，吸毒的那段时间，她身体的抵抗力差了许多，经常生病，每次生病时男友就说，要不别再碰（毒品）了，可每当H来了瘾头时，男友都会主动拿出毒品继续让她吸毒。

H很矛盾，这个男人究竟是爱她还是害她？独自在外的她，不敢把这一切告诉家人。3月，H和妈妈来杭州散心，刚下飞机，还没来得及去西湖边看看，就被当地派出所的民警带走送往杭州市戒毒所强制隔离戒毒。在戒毒所里，她查出了艾滋病。

【案例1-54】松绑家庭关系，挽救吸毒少年

周某，现年16岁，初中文化，吸毒史1年。周某8岁时父母离异，其父又为他找后妈，后妈有一个比他小4岁的儿子。由于其父常年在外跑车，对他缺乏关爱与教育，当他

出现错误不能及时批评让他纠正。周某在家经常辱骂后妈，欺负后妈带来的弟弟，后妈根本管不了他。2008年7月，周某毕业于一乡村小学，由于无所事事，他很快结交了一些社会上的不良青年。2009年9月，作为初二年级学生的他，在校不好好学习，经常旷课，不完成作业。一个星期六的晚上，周某和三个朋友在一家网吧上完网后，经其中吸毒朋友怂恿，周某开始吸毒，从此他便开始了瘾君子的生活。周某供述，他第一次吸毒完全是因为盲从，看见自己的朋友吸，自己觉得好玩也跟着吸，谁知从此便上瘾。为了得到吸毒费用，他先是谎称自己要交这样那样的费用，从父亲那里骗钱。随着毒瘾的加大，骗来的钱也不够用了，他先是把家里值钱的东西拿去卖，后来经常小偷小摸。2010年9月，周某在一所职业中学附近抢劫一名学生，持刀杀人，被警方当场抓获。

案例思考

1. 21岁姑娘因吸毒染上了艾滋病，花样人生从此折翼，你有什么看法？
2. 你觉得是什么原因导致周某吸毒？

预防措施

需注意：常见的毒品有哪些？

《中华人民共和国刑法》第三百五十七条规定："毒品是指鸦片、海洛因、甲基苯丙胺（冰毒）、吗啡、大麻、可卡因以及国家规定管制的其他能够使人形成瘾癖的麻醉药品和精神药品。"常见和最主要的毒品有：

（1）鸦片：鸦片取自罂粟花落之后结出的果，割开罂粟果，从中流出的白色浆液在空气中氧化分干，就是鸦片。鸦片中有20种生物碱，其中吗啡的含量约10%，长期吸食会使人消瘦，体质下降，免疫力下降，感染各种疾病。

（2）吗啡：是从鸦片中提炼出来的一种白色针状结晶。它对呼吸中枢有较强的抑制作用，用量过大可致呼吸缓慢，甚至出现呼吸中枢麻痹，这通常是吗啡中毒死亡的直接原因。吗啡比鸦片更易上瘾。

（3）海洛因：俗称白粉，是吗啡和其他化学物品混合加热合成的。极易上瘾，长期吸食或注射海洛因，会使人身体消瘦，瞳孔缩小，免疫功能下降，易感染病毒性肝炎、肺脓肿及艾滋病，极难戒除。

（4）冰毒：学名是去氧麻黄碱或甲基安非他明。属安非他明类兴奋剂的一种，它是无臭、带苦味的半透明晶体。吸食冰毒将对人的中枢神经系统产生极强的刺激作用，长期使用会导致大脑机能损坏。吸食者常发生精神分裂而自杀、自残。

（5）摇头丸：学名二亚甲基双氧苯丙胺，属安非他明类兴奋剂的一种，具有强烈的中枢神经兴奋作用，有很强的精神依赖性，长期服用，会严重损害人的中枢神经系统，导致偏瘫，也很容易使吸食者的行为失控而发生意外。

（6）可卡因：化学名为苯甲基芽子碱，是最强的天然中枢兴奋剂，小剂量的可卡因能导致心律减缓；剂量增大后则心律增快，呼吸急促，可出现呕吐、震颤、痉挛、惊厥等现象；如果再大剂量，则可导致死亡。

吸毒的高额支出，会使吸毒者债台高筑、倾家荡产。

必学习：毒品有哪些危害？

（1）毒品毁人毁健康。

毒品会摧毁人的消化功能，摧毁人的神经系统。摧毁人的呼吸及循环系统。

（2）毒品令人倾家荡产，家破人亡。

毒品会令人丧失工作能力，会让人倾家荡产，给家庭带来无尽的折磨。

（3）吸毒导致堕落、犯罪。

（4）吸毒危害社会，成为世界公害。

补救措施

必掌握：远离毒品的方法有哪些？误食毒品有什么补救方法？

一、远离毒品的方法

大家可能认为毒品离我们还很远，其实在全国各地都有很多毒贩子在推销毒品，他们利用各种手段，不仅拉拢吸毒的人，而且还把目光投向了不吸毒的人，尤其是年轻幼稚的青少年。在全世界，每年都有一些青少年上当受骗。总结贩毒分子的各种手段，不外乎要注意下面这几种情况。

（1）不拿陌生人给的赠品，如饮料、香烟等。

（2）不随便帮不认识的人带行李。

（3）不听鼓吹吸毒可以提神，有助提高成绩、治病的话。

（4）不听给面子、讲兄弟感情的话。

（5）不对女孩子标榜吸毒可以减肥，诱其吸毒。

（6）不被朋友利用，说带运毒品可以得好多金钱。

（7）不追求享受，追求刺激，盲目尝试新潮的东西。

（8）据国外有关部门统计，吸毒者多数短命，一般寿命不超过四十岁。

（9）吸毒不仅损害本人健康，还会造成乙型肝炎、丙型肝炎、性病的传播等公共卫生问题，其中最严重的是艾滋病的感染和传播。

（10）吸毒危及下一代：怀孕妇女吸毒将严重影响胎儿的正常发育，有的致使新生儿先天畸形或染上毒瘾。

二、误食毒品的补救方法

同学们，倘若你或身边的朋友不小心误食毒品还是有救的。因为人的体质是不同的，毒品的确非常容易上瘾，但是上瘾机制不一样，这取决于人的体质等多方面因素，不过不要紧张，一般第一次吸毒，即使成瘾，成瘾性也不会特别高，在这个关键时刻就应当及时做出处理。

我们知道毒品进入人体必定最后要排出体外的，即使是不吸毒的人每天也要进行排毒，在不严重的情况下可以多喝水促进自己的尿液排泄；也可以采取排汗的方法进行排毒，先洗热水澡然后捂紧被子然后大量出汗，然后不断地使自己保持在出汗的状态，这样便于把身体中的毒物质排出。

但是排毒之后，一定一定要将自己彻底的清洗干净。毒品排出物的残留也会对身体和皮肤造成一定的伤害，如果是用被子捂汗的方法，也要记得及时地更换被褥，这样才会在最大程度上减少毒品对自己的伤害。

可以适当吃些水果，补充自己身体营养和水分，保持一个乐观的心态。

当然如果各种方法都行不通，一定要及时去专业的医疗机构进行详细的检查。如果发现染上毒瘾必须马上进行戒毒治疗，看看毒品有没有严重伤害到自己的身体健康，一定要及时戒毒，切莫拖延，切莫再与毒品产生联系，坚决不吸第二口毒。

不少吸毒者第一次开始吸毒的时候，对毒品的印象其实不是很好，他们说第一次感觉毒品味道并不好，反而会让他们产生不适，那时候他们并不理解为什么吸毒能够让人有那种飘飘欲仙的感觉。

到第二次尝试毒品的时候，越吸越来劲，最后怎么也戒不掉了，才明白就是在那个时候染上的毒瘾，所以说，很多上瘾其实并不是一招毙命，而是源于你第二次、第三次的吸毒。

但是，不同的人体质不同，对毒品的上瘾机制也有所不同，假设你天生容易成瘾，即便是只吸一次，也会戒不掉毒品，所以千万不要轻易以身犯"毒"。

生命只有一次，切莫轻易断送在吸毒道路上！

学以致用

1. 作为青少年，我们该怎样用实际行动向这可恶的毒品宣战呢？
2. 当有人向你提供毒品时，你会怎样做？

第五讲　狂犬病防治

狂犬病是一种自然疫源性疾病，温血动物极易感染狂犬病病毒。医生指出，不仅患狂犬病的狗是狂犬病的传染源，外貌健康的狗也可能携带病毒，甚至家猫、野猫、鸭、猪、老鼠、蝙蝠、狼、狐狸等动物都可能传染狂犬病。狂犬病一旦发生，死亡率高达97%左右。但是预防方法很有效。那我们应该如何预防狂犬病呢？

案例导入

【案例1-55】6岁时遭狗咬45岁发狂犬病死亡

某年5月6日，某市人民医院接诊了一位病人胡某，胡某平常身体健壮，很少生病，胡某因头晕、呕吐、发热，被送到医院急诊科，后出现胸闷气促、血氧分压下降等情况。医生在对胡某检查时发现了一个不起眼的细节：胡某不愿意吸氧，因为吹出的氧气让他"很难受"，这是"怕风"症状。同时，医生通过让患者喝水等方法对胡某进行测试，果然引出了"恐风""恐水"等典型症状。

经询问病史，胡某回忆起39年前，他才6岁，被一条土狗咬伤大腿的经历，并肯定地说，当时没有注射狂犬疫苗。经检查，胡某的大腿上还留有当年狗咬伤的疤痕。根据胡某的病史和临床表现，专家们很快得出了一致的结论：狂犬病！

5月8日，胡某的病情急剧加重，表现为狂躁、喉头痉挛、呼吸困难，并很快发生呼吸循环衰竭，于当天下午2点左右死亡。

【案例1-56】被宠物蹭破皮　2个月后病发身亡

有位36岁的年轻人，是一家服装厂的车间主任。他酷爱宠物，家里养的一条两个月大的小狗就成为他经常逗弄的对象。一次，他在家中与小狗嬉戏，当他抚摸小狗的嘴巴时，小狗顺势张开嘴巴露出了尖尖的牙齿，一不小心，他的手指蹭到了小狗牙齿，没有出血，只是皮肤有轻微破损。所以他没放在心上，没有去打狂犬疫苗，在家里草草用酒精消了一下毒，就不再理会伤口。

2个月后，他出现了发热、乏力等症状，还自以为是感冒了，吃了点药，可没有好转，还出现了怕冷、怕光、怕风等症状。随后，他到一家小医院去看。当时医务人员一下检查不出他到底患了什么病。这位病人就在医院大闹起来，还要陪同他来的人一起打医务人员。陪同他来的人觉得这位平时很和气的人怎么一下子鲁莽起来，忙带他换了一

家大医院，到犬伤门诊时，这位病人已出现典型的狂犬病症状，立即转诊到传染病专科医院——杭州第六人民医院，但是已经没法治疗，病人很快就死去了。

案例思考

1. 被狗咬后应当怎么办？
2. 狂犬病发作时病人有哪些症状？

预防措施

需注意：如何预防狂犬病？

对于狂犬病，人类目前能做的仅仅是预防，而无法治疗。专家特别提醒说，不管是疯狗还是健康狗，咬伤或舔人都有可能传染狂犬病，都足以致人死亡。

1. 慎吃狂犬病动物的肉

有时动物并没有发病，但却带有狂犬病毒，吃了患有狂犬病动物的肉可能感染狂犬病。

2. 慎接触带病毒的动物

近年来的"宠物热"使一些地区狂犬病的发病率上升，大家应慎接触带病毒的动物。

3. 慎处理动物的皮毛及血液

剥患狂犬动物皮可能刺伤手或使干裂的手感染，因此患狂犬病的动物禁忌宰杀、剥皮吃肉，因为接触发病动物的血液和唾液是极易被感染发病的。

4. 慎养"宠物"防狂犬病

由于"宠物热"而使狂犬病病例增多，肇事的狗几乎都是一两个月大的小狗。究其原因就是人们总以为，小狗小猫看起来温顺可爱，一般总不太会带狂犬病病毒，比起大狗大猫要安全些，所以，即使被小狗小猫蹭伤，也不会像被大狗咬伤后那样引起重视。还有被狗咬伤或被猫抓伤的人千万不要觉得自己"不会那么倒霉"或者自认为"我家狗挺好的，不打疫苗也没事"等，以免造成终生遗憾。

狂犬病目前还无法治疗，但可以预防。主要是全社会都要重视，提高对狂犬的警觉性，有关部门对养宠物要加强管理，因为狗和猫是狂犬病的主要传染源。家庭最好不要养犬，如必须喂养，应主动登记并进行预防接种。如犬已咬人应捕捉隔离观察两周，如确定为狂犬病要立即击毙，并将尸体焚化或深埋。

必学习：狂犬病有什么危害？

动物咬伤，甚至皮肤、黏膜等部位被动物的口舌舔过，都要妥善处理伤口，并千万别忘了及时、全程注射狂犬疫苗。我国的狂犬病约95%为犬咬伤所致。人被带狂犬病毒的动物咬伤后，发病潜伏期长短不一，大部分为半年之内，但最短的只有7天，最长的可长达10多年甚至几十年，有71%的人会在1个月内发病。狂犬病比艾滋病更可怕，因为艾滋病还有一个慢性过程，即使发病到了晚期，还有一些治疗手段可以延续病人的生命，但对于狂犬病，医生们只能眼睁睁地看着病人死去。到目前为止，国际上还没有治疗狂犬病的特效办法。

补救措施

必掌握：被狗咬后的急救措施有哪些？

（1）及时、彻底清除伤口内的病毒。应立即挤出污血，用大量清水、20%肥皂水或0.1%的新洁尔灭溶液反复冲洗伤口，然后用3%的碘酒和75%的酒精消毒皮肤破损处。伤口一般不要缝合包扎，以便排血引流。

（2）尽快去医院注射安全、高效的狂犬病疫苗，在被咬当天、第3天、第7天、第14天和第28天连续接种疫苗，共5针，不能跳过任何一次，完成注射程序后，还要抽血化验抗体，看有没有产生效果，如没有还需再次注射疫苗。

（3）若咬伤头颈、手指或严重咬伤时，除用疫苗外，还需用抗狂犬病免疫血清在伤口及周围局部浸润注射。这种血清能在人体内和入侵的狂犬病病毒"战斗"，抑制其扩散，延长潜伏期。

学以致用

1．如何预防狂犬病？
2．被狗咬后的急救措施有哪些？

第六讲 艾滋病防治

艾滋病在很多人眼中都属于不治之症，有数据显示，艾滋病近年来也呈现了一定的低龄化现象，不少中职学生都成了艾滋病的感染者，这很可能将彻底改变甚至毁掉他们的人生。作为应该专心读书拼搏高考的中职生，到底是什么原因让他们成了艾滋病的患者，中职生又应该如何预防艾滋病呢？

案例导入

【案例1-57】血液传播事件

多年前的一天，在去实习企业途中，一场突如其来的车祸让小兰倒在了血泊中，由于失血过多，医生要求必须给小兰输血，否则会因大出血而死。虽然躲过了车祸的劫难，但是，命运之神对小兰似乎残忍了点。2020年夏天，小兰突发高烧，在当地医院多方治疗都没有效果，也查不出什么问题，最后，医生考虑到她有输血史，建议家属给她查个艾滋病毒。一周后，结果出来了。"HIV阳性！"这就意味着小兰已经感染上了艾滋病病毒。

【案例1-58】性传播事件

某中学女学生小王，家境一般，因学习压力大，迷上手机社交软件，并结识了一位大哥哥。这位大哥周末经常请她吃饭并送她礼物，两人关系很亲密。某一天大哥过生日，小王与这位大哥发生了关系。小王一段时间以后去医院体检时发现自己被诊断出艾滋病病毒感染。

案例思考

1. 小兰是如何感染上艾滋病的？
2. 小王是因为什么方式感染上艾滋病的，可以避免吗？

预防措施

需注意：什么叫艾滋病？艾滋病表现有哪些症状？

一、艾滋病的概念

艾滋病，获得性免疫缺陷综合征（或称后天免疫缺乏综合征，英语：Acquired Immune Deficiency Syndrome，AIDS，音译为艾滋病），是一种由人类免疫缺乏病毒（简称HIV）的反转录病毒感染后，因免疫系统受到破坏，逐渐成为许多伺机性疾病的攻击目标，促成多种临床症状，统称为综合征，而非单纯的一种疾病；而这种综合征可通过直接接触黏膜组织的口腔、生殖器、肛门等或带有病毒的血液、精液、阴道分泌液、乳汁而传染。每年的12月1日为世界艾滋病日。

二、艾滋病表现症状

艾滋病主要是有消耗症状和发热症状，具体情况如下：

（1）出现不明原因的发热，有一段时间发热都处理不了，要特别注意。

（2）如果全身淋巴结，包括脖子淋巴结或者腋窝淋巴结不明原因肿大、无痛，且持续一段时间，也要注意。

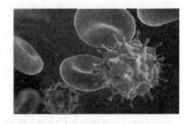

（3）消耗表现，即如果在一段时间内没有刻意减肥，又没有其他不舒服，体重在半年内逐渐减轻，超过自己体重的10%，也要考虑有没有得病。

（4）病人有慢性腹泻，如果是长期的腹泻也要注意，但现在这几年以慢性腹泻来看病的人群，最终诊断出艾滋病的相对较少。主要是不明原因的发烧、淋巴结肿大，或者消瘦等症状，再结合自己之前3个月，或3个月之前、半年之前是否有不安全性行为，就要考虑有得病的可能。

必学习：如何预防艾滋病？

艾滋病预防方法，需根据艾滋病的传播途径而采取相应的措施，具体包括：

（1）性传播的预防：要注意安全性行为。平常在外面，比如公共场合，特别是旅馆，要注意洗漱用具的安全，特别是牙刷、剃须刀等。

性传播　　　血液传播　　　母婴传播

（2）母婴传播的预防：在怀孕前要做好相应检查。如果是怀孕后发现，要找医院的专科医生，医生会按照既定流程给予处理。

（3）血液传播的预防：吸毒者要注意尽可能用一次性针具，或者下定决心接受戒毒所强制戒毒措施，要在意识上加强戒毒的信心和决心。

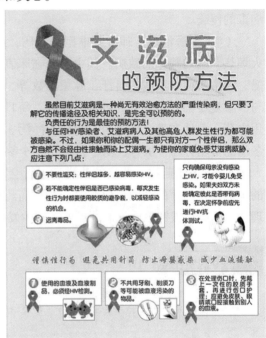

补救措施

必掌握：艾滋病常用的治疗方法有哪些？

艾滋病是对人体伤害极大的一种疾病，此疾病的传染性极强，且艾滋病主要传播方式就是性接触，所以这种性病多发生在年轻人身上，对于不幸感染上艾滋病的患者来讲，及早地接受正规的治疗是十分关键的，那么临床上艾滋病的治疗方法常用的是哪些呢？

（1）内服药物：在治疗艾滋病的时候一般都是选用内服药物的治疗方法，通过药物的方法起到缓解疼痛的作用，能够很好地抑制病毒的繁殖，通过血液的运输作用，使药效抵达病变部位，深入地杀死隐藏在细胞内的病毒，产生抗体，抵抗疾病，修复病人受损组织。

（2）干扰素治疗：干扰素对部分艾滋病病人可略提高CD4+T细胞一部分肉瘤患者有瘤体消退。β-干扰素，静脉给药效果与类似但皮下注射抗肉瘤作用较弱。γ-干扰素提高单核细胞-巨噬细胞活性抗弓形体等条件性感染可能有一定效果。

（3）灵杆菌素：激活脑下垂体，肾上腺皮质系统，调整艾滋病患者内部环境与功能，艾滋病患者应该如何选择治疗方法?增强机体对外界环境变化的适应能力，刺激机体产生体液抗体，使白细胞总数增加，吞噬功能加强，激活机体防御系统抵御病原微生物及病毒的侵袭。

（4）中医治疗：肺肾阴虚型艾滋病，此类艾滋病患者多因肾精亏损、肾阴不足、虚火烦热、暗灼肺津而致病。其主要的临床表现是长期低热、困倦乏力、咽喉疼痛、口舌干燥、痰中带血、消瘦、自汗、脉象虚数等。治疗此症应以滋肾养肺为主。可把知柏地黄汤与沙参麦冬汤合用，方药可随症加减。每日煎一剂，取汁，分两次口服。知柏地黄汤的常用方药，熟地20克，山萸肉、山药、泽泻、茯苓、丹皮、黄柏各10克，知母15克。沙参麦冬汤的常用方药，玉竹、麦冬、扁豆、沙参各10克，桑叶6克，生甘草3克，天花粉15克。

（5）止痛药物：此病的艾滋病患者会出现水疱溃烂的症状，使艾滋病患者饱受疼痛的折磨，在治疗的期间，应该用一些止痛药物来进行止痛。艾滋病患者生活中也可以用生理盐水、高锰酸钾溶液等清洗患处，减少发炎感染。

学以致用

1. 艾滋病的传播途径有哪些?
2. 艾滋病的常用治疗方法有哪些?

第七讲　新型冠状病毒防治

2020年春节注定被历史铭记，全国人民度过了一个不一样的假期。不管是新闻还是社交媒体，大家关注的焦点都离不开这次事件的主角——新型冠状病毒。你真的了解新型冠状病毒吗？预防措施你做对了吗？

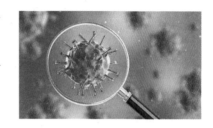

案例导入

【案例1-59】网吧感染事件

某小区学生小程听说疫情后平时非常小心，不出门，但特别爱打游戏，有一批好友，觉得相互很安全不会传染。于是在2020年疫情期间，几人连续五六天在朋友家开的网吧偷偷打游戏，甚至明知道有刚从湖北回来人员也不加以防范。不久，小程被确诊感染新型冠状病毒肺炎。医生提醒，网吧人员密集、空气不流通，是呼吸道传染高风险区，一定要减少聚集。

【案例1-60】聚会感染事件

据某国当地媒体报道，某大学的宿舍区中暴发新型冠状病毒肺炎疫情，其中至少105名学生被确诊为新型冠状病毒肺炎患者。校方表示，目前至少有800名学生进行了新型冠状病毒检测，其中至少62名确诊学生同属一个社团，目前学校已被通知停止学生一切聚会活动。

该校学生小丹表示，在该宿舍区至少已经举办十几场派对，并很少有遵守社交距离准则，或佩戴口罩的情况出现。

案例思考

1. 小程为何会感染新型冠状病毒肺炎？
2. 某大学宿舍区暴发新型冠状病毒肺炎的原因是什么？

预防措施

需注意：新型冠状病毒的传播途径有哪些？新型冠状病毒肺炎临床表现如何？

一、传播途径

1.接触传播

触摸被污染的物体表面，然后用脏手触碰嘴巴、鼻子或眼睛，这些均为新型冠状病毒可能的传播途径。

2.飞沫传播

通过咳嗽或打喷嚏在空气传播，飞沫随着空气在飘荡，如果没有防护，非常容易中招。

二、新型冠状病毒肺炎临床表现

患者主要临床表现为发热、乏力，呼吸道症状以干咳为主，并逐渐出现呼吸困难，严重者表现为急性呼吸窘迫综合征、脓毒症休克、难以纠正的代谢性酸中毒和出凝血功能障碍。部分患者起病症状轻微，可无发热；多数患者为中轻症，预后良好；少数患者病情危重，甚至死亡。

三、易感人群

国家卫健委最新发布的《关于做好儿童和孕产妇新型冠状病毒感染的肺炎疫情防控工作的通知》简称《通知》，其中明确"儿童和孕产妇是新型冠状病毒感染的肺炎的易感人群"。该《通知》提出，儿童应尽量避免外出；母亲母乳喂养时要佩戴口罩、洗净手，保持局部卫生。

四、新型冠状病毒的潜伏期有多久？

新型冠状病毒的潜伏期一般为3～7天，最短的有1天发病，最长的有14天。

必学习：什么是密切接触者？密切接触者应该怎么做？

一、密切接触者

病例的密切接触者，即与病例发病后有如下接触情形之一，但未采取有效防护者：

与病例共同居住、学习、工作，或其他有密切接触的人员，如与病例近距离工作或共用同一教室或与病例在同一所房屋中生活。

诊疗、护理、探视病例的医护人员、家属或其他与病例有类似近距离接触的人员，如直接治疗及护理病例、到病例所在的密闭环境中探视病人或停留，病例同病室的其他患者及其陪护人员。

与病例乘坐同一交通工具并有近距离接触人员，包括在交通工具上照料护理过病人的人员；该病人的同行人员（家人、同事、朋友等）；经调查评估后发现有可能近距离接触病人的其他乘客和乘务人员。

现场调查人员调查后经评估认为符合其他与密切接触者接触的人员。

二、密切接触者应进行隔离医学观察

居家或集中隔离医学观察，观察期限为自最后一次与病例发生无有效防护的接触或可疑暴露后14天。

居家医学观察时应独立居住，尽可能减少与其他人员的接触。尽量不要外出。如果必须外出，需经医学观察管理人员批准，并要佩戴一次性外科口罩，避免去人群密集场所。医学观察期间，应配合指定的管理人员每天早、晚各进行一次体温测量，并如实告知健康状况。医学观察期间出现发热、咳嗽、气促等急性呼吸道感染症状者，应立即到定点医疗机构诊治。医学观察期满时，如未出现上述症状，则解除医学观察。

目前对密切接触者采取较为严格的医学观察14天等预防性公共卫生措施十分必要，这是一种对公众健康安全负责任的态度，也是国际社会通行的做法。参考其他冠状病毒所致疾病潜伏期、此次新型冠状病毒病例相关信息及当前防控实际，将密切接触者医学观察期定为14天，并对密切接触者进行医学观察。

补救措施

必掌握：如何预防新型冠状病毒及正确佩戴口罩？

一、预防新型冠状病毒

1.勤洗手

在咳嗽或打喷嚏后；照护病人时；制备食品之前、期间和之后；饭前、便后；手脏时；处理动物或动物排泄物后，记得洗手。手脏时，用肥皂和自来水洗；手不是特别脏，可用肥皂和水或含酒精的洗手液洗手。

2.咳嗽和打喷嚏要防护

在咳嗽或打喷嚏时，用纸巾或袖口或屈肘将口鼻完全遮住，并将用过的纸巾立刻扔进封闭式垃圾箱内。咳嗽或打喷嚏后，别忘了用肥皂和清水或含酒精洗手液清洗双手。在公共场所，不要随意用手触摸眼睛、鼻子或嘴巴，不要随意吐痰。

3.避免与特定人群接触

因被新型冠状病毒感染后大多表现为呼吸道症状，因此应避免与任何有感冒或类似流感症状的人密切接触。另外，还要避免在未加防护的情况下接触野生或养殖动物。

4.肉类彻底煮熟后食用

注意食品安全，处理生食和熟食的切菜板及刀具要分开，处理生食和熟食之间要洗手。即使在发生疫情的地区，如果肉食在食品制备过程中予以彻底烹饪和妥善处理也可安全食用。

5.生鲜市场采购注意防护

生鲜市场采购可通过以下方式进行预防。接触动物和动物产品后，用肥皂和清水洗手，避免触摸眼、鼻、口，避免与生病的动物和变质的肉接触，避免与市场里的流浪动物、垃圾废水接触。

二、如何正确佩戴口罩

预防新型冠状病毒，建议使用医用外科口罩或医用防护口罩（N95/KN95）。

1.佩戴医用外科口罩

第一步：洗手，最好使用肥皂或消毒剂。

第二步：确认内外，即鼻梁片外漏部分朝外，有金属条的一端朝上。

第三步：口、鼻、下巴罩好。

第四步：鼻梁片贴紧鼻梁。

2.佩戴N95口罩

第一步：向两边拉开口罩，使鼻夹位于口罩上方。

第二步：用口罩抵住下巴，戴上口罩。

第三步：将耳带拉至耳后，调整耳带至舒适。

第四步：双手按压鼻夹，使鼻夹形状和鼻梁贴合。

第五步：检查密合性。

学以致用

1．如何预防感染新型冠状病毒肺炎？

2．如何正确佩戴口罩？

第八讲　其他传染病防治

传染病是指由病原微生物感染人体后产生的有传染性、在一定条件下可造成流行的疾病。除了狂犬病、艾滋病传染病，常见传染病还有肝炎、淋病、非典型肺炎、流行性感冒、细菌性痢疾等。那我们应该如何预防传染病？

案例导入

【案例1-61】不正当性行为引发淋病

在某旅游城市里，夜幕下的娱乐场所中音响声此起彼伏，1个外地青年酒过三巡后，歌声加着酒气已飘飘然忘记了一切，就在这个夜晚他与一名歌女发生了性关系。2天后，这名男青年感觉排尿时疼痛，很不舒服，还有发热，3天后尿道流脓，尿道口红肿，全身难受，走路不方便。到医院检查，诊断为急性淋病。

【案例1-62】对非典病毒缺少了解引发多人感染

2003年4月上旬，某大学退休教授曹某在北大附属人民医院看病，随后感染。在北大附属人民医院看完病后，曹教授又到北大附属第三医院求治，同样由于缺乏对非典病毒的了解，被误诊为普通高烧者，又造成该院部分医务人员感染。10个小时之后因抢救无效而死亡。随后已故教授的妻子住院之后，其儿子、儿媳、孙子、女儿、女婿、外孙6人先后发烧入院；而曹家所住的楼道，住户中十几人纷纷中招，一位小区电梯工也未能幸免。

案例思考

1. 青年为什么会得急性淋病？
2. 非典病毒传染性怎么样？

预防措施

需注意：常见传染病有哪些？

一、肝炎

通常所说的"肝炎"，一般指有传染性的病毒性肝炎，是由肝炎病毒引起的一组疾病。我国是肝炎高发区，在各种传染性肝炎中，乙肝对人健康威胁最大。我国人群中的乙肝表面抗原阳性率为9.75%，约占1.2亿，占世界乙肝病毒感染人数的1/3。其中慢性乙肝病人约3千万，而且病毒可通过母婴传播方式传给婴儿和儿童，影响下一代的健康。我国每年新增的各种病毒性肝炎病人约为230万，死于肝炎或肝炎相关并发症者数以万计，每年我国用于治疗病毒性肝炎的费用相当可观。

二、淋病

淋病是淋病双球菌引起的泌尿生殖系统化脓性疾病。淋病在世界上广泛流行，是目前传染病例中发病率最高的一种。淋病的主要传播途径是通过性交的方式。成人中的淋病，几乎99%以上是由于不洁性交传染的。淋病的潜伏期是3~5天。间接接触也可能感染淋病，如接触被污染的衣裤、床上用品、毛巾、浴盆、马桶等间接传染。淋球菌离开人体后，很容易死亡，用加热、干燥等方法或用一般的消毒剂，很多都能杀死淋球菌，因此日常生活接触中的传染是很少见的，在游泳池、公共浴室淋浴，一般是不会被传染上淋病的。

三、非典型肺炎

传染性非典型肺炎，简称"非典"，是在中国广东首先出现的一种新的传染病。目前公认"非典"的病原体是一种变异的冠状病毒（又称"非典"病毒）。根据世界卫生组织（WHO）确认的资料，最早的病例于2002年11月16日。目前已有30多个国家报告发现了非典型肺炎病例，报告病例数较多的国家和地区主要有中国、新加坡、加拿大、越南和美国等。

四、流行性感冒

流行性感冒（简称流感），由于极强的传染性，流感一旦发生，可以在很短时间内横扫全球。最早记载流感的是古希腊医学家希波克拉底，1580年的流行性感冒使马德里几乎成空城。1918年，一场号称瘟疫的流感袭击了人类，超过25%的美国人受到感染，据称其中美国海军有40%的人员、陆军有36%的人员患病，全球因此死亡人数估计在2 000万~1亿之间，超过了人类历史上任何一种疾病，该流感的危险性是普通流感的25倍，感染者死亡率是2.5%。

五、细菌性痢疾

细菌性痢疾（简称菌痢），是一种古老的疾病。国外有关痢疾的记述始于古希腊希波克拉底时代，以后欧洲各国医学著作中陆续记载此病，19世纪曾出现全世界菌痢大流行。菌痢在我国是仅次于肝炎的第二位传染病，是国内分布最广的腹泻病。

必学习：常见传染病预防措施有哪些？

一、肝炎的预防措施

肝炎的预防措施主要有以下几点：

（1）甲肝、戊肝的预防，防止"病从口入"是关键。

（2）家中有乙肝患者，其他家庭成员应到医院检测乙肝两对半和肝功能，不要共用漱口用具、剃须刀等。

（3）丙肝的预防目前无疫苗可用，主要预防措施如下：

①选择性手术时应用自身血液输注。

②吸毒者应尽量避免和别人共用注射器，一人一次一针，使用过的注射器放到指定地点。

③避免有多个性伴侣或采取保护性措施。

二、淋病的预防措施

淋病的预防措施主要有以下几点：

（1）洁身自好，杜绝不洁性接触。

（2）夫妻一方患有淋病，另一方也要同时检查治疗，并与家人分床、分被褥，不要再同房。

（3）患者的衣物，尤其是内裤要用开水烫洗，或用消毒液浸泡后再洗，被褥可在日光下暴晒2小时。

（4）卫生间、浴室要用消毒液仔细泡手清洗后，再做其他事情。

（5）接触患者的东西或接触患者经常接触的床、门、桌椅后，要仔细洗手。

三、非典型肺炎的预防措施

非典型肺炎的预防措施主要有以下几点：

（1）注意住处通风换气，通风换气是最好的空气消毒方法。

（2）注意远离病原体，正确使用预防药物。

（3）合理消毒：可用0.5%碘伏溶液、75%酒精、0.2%过氧乙酸溶液消毒。

（4）正确洗手：反复搓揉，时间不少于30秒，重复两三遍。

（5）正确使用口罩：在家中、睡觉、体育运动时，均没有必要戴口罩。

（6）讲究个人卫生，锻炼身体。

四、流行性感冒的预防措施

流行性感冒的预防措施主要有以下几点：

（1）坚持适当锻炼，提高抗病能力。注意劳逸结合，避免过度疲劳。

（2）起床后，开窗透气、淡盐水漱口；避免室内吸烟，通风是最好的消毒。

（3）冬天外出时穿好衣服，若室内外温差较大，宜在门口适当停留片刻。

（4）坚持多饮水，每天进餐，适量吃醋和大蒜。

（5）养成良好的卫生习惯，做到不随地吐痰以减少流感传播机会。

（6）注射流感疫苗。

五、细菌性痢疾的预防措施

细菌性痢疾的预防措施主要有以下几点：

（1）将患者用过的物品煮沸或蒸汽消毒15分钟。

（2）不能煮沸或蒸汽消毒的物品在烈日下曝晒3小时以上。

（3）用过氧乙酸（过醋酸）消毒。

（4）加强个人卫生，防止"病从口入"。

补救措施

必掌握：传染病的治疗原则是什么？

传染病是众多疾病当中最令人害怕的疾病之一，想要治疗传染病，首先要做到的就是控制传染源，对传染病患者一定要做到早发现、早诊断、早报告、早隔离、早治疗；其次，治疗传染病一定要切断传播途径；最后就是要保护易感人群。这是传染病的三大治疗原则。

学以致用

1. 预防肝炎的措施有哪些？

2. 预防淋病的措施有哪些？

3. 预防流行性感冒的措施有哪些？

模块 七 自然灾害

第一讲 高温天气自救

夏季的特点是气温高，光照强，湿度大，也就是俗称的"桑拿天"。这种天气极易造成中暑，引发消化系统、心脑血管系统、泌尿系统等疾病。那么在高温天我们要怎么自救呢？

案例导入

【案例1-63】高温天不做防护易中暑

某公司职员小周随检查组进行露天安全检查，当天太阳很大，小周由于走得急，忘了带遮阳工具。刚开始小周感觉还行，但过了一段时间后就感到头痛、头晕、眼花、恶心，并出现呕吐，最后竟晕倒在地。

【案例1-64】高温天中暑事件频发

2018年7月23日，某市中心医院急症室在短短1周内先后接诊了20余例中暑患者，其中4例病情严重。1例重患重度昏迷，送入ICU重症监护治疗；1例重患抢救无效死亡。

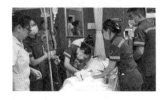

案例思考

1.小周为什么中暑？
2.高温天应该采取哪些防护措施？

预防措施

需注意：为何高温天容易中暑

专家指出：容易中暑主要原因是高温，即周围环境温度达到32℃以上、高湿度＞60%

以上。人体对高温、高湿度环境适应能力下降以及散热功能下降，同时不能够及时补充水电解质成分，容易导致中暑发生。对于部分特殊病人，比如产褥期病人、小孩、老年人、免疫力低下病人以及发生重症感染病人，有冠心病、糖尿病、免疫系统疾病、脑血管病等基础病比较多的慢性病患者对热适应能力下降，也容易发生中暑。

必学习：如何应对高温天气？

（1）多喝水，高温天气容易让人丧失身体的水分，这个季节我们要比以往多喝水。

（2）尽量少做户外运动，剧烈的高温天气对人的伤害非常大，能不出门的话尽量不出门，防止太阳暴晒。

（3）多吃些蔬果，蔬果含有很多维生素，也含有很多水分，多吃些蔬果能让人心情愉悦，能在闷热的天气里享受清凉。

（4）有必要出门的时候，做好防护，穿上薄的长袖衣服，既能透风也能防晒，尽量穿浅色衣服，不要穿深色的衣服，浅色衣服能反射紫外线，而深色的衣服则吸收紫外线。

（5）可以多喝一些绿茶，绿茶可以解渴、利尿，而且绿茶清香宜人，是夏天的良好饮品。

（6）夏天不适合长时间开空调，如果有条件，可以选择铺凉席，睡觉的时候开一下电风扇，摆头的，不要只吹着头部，那样做容易感冒。

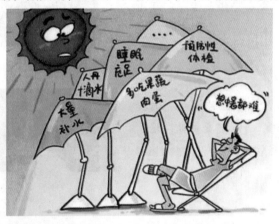

补救措施

必掌握：中暑了怎么办？

1.医院救助

中暑按照轻重程度来看，中暑可分为先兆中暑、轻度中暑和重症中暑。先兆中暑一般有头晕、眼花和耳鸣的症状，假如病人的体温高于38.5℃并伴有呼吸衰竭就需要考虑是轻度中暑了，这时如果及时处理会好转。值得注意的是，当体温达到40℃还有昏迷痉挛和呼吸衰竭就是重症中暑，需要及时就医。医生可以采取物理降温的方法，例如在头部、腹股沟和腋下放好冰袋，并用50%酒精来擦浴，达到体温下降的效果。严重者就可以采用药物降温治疗，分别使用氯丙嗪和非那根各25毫克，加上500毫升的生理盐水，进行静脉注射，都有良好的效果。

2.自己施救

遇到有人中暑，我们不能及时送医院或中暑程度较轻的情况，应该立刻将这个人移到阴凉通风的地方，用冷水浸湿衣物后包裹住他的身体，需要一直保持潮湿，也可以扇风并用冷毛巾擦拭，让其体温下降到38℃以下。通过以上措施，当中暑者的体温下降后立即用衣物覆盖，让病人保持休息后，尽快送往医院救治。

学以致用

1.如何应对高温天气？

2.高温中暑了应该怎么做？

第二讲 雪灾自救

雪灾亦称白灾，是因长时间大量降雪造成大范围积雪成灾的自然现象。严重影响甚至破坏交通、通信、输电线路等生命线工程，对人们的生命安全和生活造成威胁。面对这种极端天气，我们应该如何自救呢？

案例导入

【案例1-65】2008年南方雪灾

2008年中国南方雪灾是指自2008年1月3日起在中国发生的大范围低温、雨雪、冰冻等自然灾害。中国的上海、江苏、浙江、安徽、江西、河南、湖北、湖南、广东、广西、重庆、四川、贵州、云南、陕西、甘肃、青海、宁夏、新疆等20个省（区、市）均不同程度受到低温、雨雪、冰冻灾害影响。截至2月24日，因灾死亡129人，失踪4人，紧急转移安置166万人；农作物受灾面积1.78亿亩，成灾8 764万亩，绝收2 536万亩；倒塌房屋48.5万间，损坏房屋168.6万间；因灾直接经济损失1 516.5亿元人民币。森林受损面积近2.79亿亩，3万只国家重点保护野生动物在雪灾中冻死或冻伤；受灾人口已超过1亿。其中安徽、江西、湖北、湖南、广西、四川和贵州等7个省（区）受灾最为严重。

【案例1-66】2009年新疆伊犁雪灾

2009年，新疆伊犁河谷先后出现4次降雪，其中12月20日左右降雪持续了26小时，为2009年伊犁河谷最大的一场降雪。山区积雪厚达40厘米，部分地区还发生了雪崩，造成牲畜死亡8 160只；另外还有891间房屋、435座棚圈倒塌，危房3 531间。

案例思考

1.2008年南方雪灾造成哪些危害？

2.2009年新疆伊犁雪灾造成哪些危害？

预防措施

需注意：冬季降雪的原因有哪些？

冬季降雪主要是因为冷锋天气系统的影响，锋是冷暖气团的交汇处，如果冷气团主动向暖气团运动就形成了冷锋，反之为暖锋。冬季，陆地温度比海洋低，在大陆内部形成强大的冷高压，气流由高压中心向四周辐散，其中向低纬运动的气团在性质上属于冷气团，它与暖气团相遇就形成了冷锋。冷锋过境时，形成阴雨（雪）天气、刮风、降温，过境后，气温湿度骤降，气压升高。冬季冷气团迅速南下（北半球，南半球相反），常形成灾害性的大风降温天气，甚至形成寒潮。

例如2008年，亚洲高压非常活跃，不断形成冷气团南下影响我国，造成大范围大风降温天气，对于季节、年际变率都很大的我国季风气候区来说，这样的天气本来也很正常，但是由于南方的暖气团也很活跃，大量来自太平洋、印度洋的暖湿气流频频光顾南方地区，当来自蒙古西伯利亚的强大冷气团迅速南下至南方地区，并与暖湿气团相遇后，就形成了大范围雨雪天气。

必学习：如何预防雪灾？

1.城市居民如何应对雪灾带来的灾害？

雪灾严重影响甚至破坏交通、输电线路、城市供水系统，对人类的安全和生活造成威胁。自救互救要领：

（1）家中可提前准备好几天的食物、水等。

（2）准备好足够的御寒衣物及被褥。

（3）准备可供照明使用的蜡烛、应急照明灯。

（4）各种常备的药品。

（5）准备好御寒且防滑的鞋子，保证出行的安全。

2.山林中落入雪坑怎么办？

（1）在雪中行走时先用树枝在前面探路。

（2）滑雪时严禁离开滑雪道，严禁酒后滑雪。

（3）坠落的瞬间，闭口屏息，以免冰雪涌入咽喉和肺部，引起窒息。

（4）同伴可用树枝、木棒、绳子将其拽上来。

（5）如果在野外旅行不慎落入雪坑，又没有人营救，如果有防水的睡袋应马上使用。

（6）尽量爬到雪的表面。

3.野外遭遇风雪如何避寒？

（1）白天，想办法发出SOS求救信号；夜晚，要挖雪洞过夜。

（2）挖雪洞时入口与藏身之处最好略微有个弯度，然后用树枝或棉布堵住洞口。

（3）应注意不要耗尽体力而使全身湿透，因为衣服潮湿后，不但不能保暖，还易使人冻僵。

补救措施

必掌握：雪灾发生后如何施救？

1.注意着装保暖

防寒服隔热值高、携带方便，既能防风，又能防水，是一种理想的防寒用具。衣服要扎紧袖口、裤口，扣上领口，放下帽耳，戴好手套。保持服装的通气性相当重要。衣服不可穿得过紧，这样不仅不会使人感到暖和，反而会感到寒冷、难受。穿一件厚衣服不如多穿几层薄衣服为好，这样有更多的空气层，保温效果更好。要保持服装的干燥。淋湿或汗湿的衣服要及时烘干，衣服上的冰雪要及时抖掉。

2.寒从脚下起

鞋的材料要选通气性好的，如帆布、皮革等，不要穿橡胶与塑料鞋，脚在出汗以后，易发生冻伤。硬而紧的鞋子妨碍脚部的血液循环，也易发生冻伤。当脚趾有麻木感时（冻伤预兆），可做踏步运动，以促进血液循环。

3.搭建遮护棚

不能在露天场地露宿，应及时搭建遮护棚。可以就地取材，利用树枝、毛竹、稻草甚至是旧衣物等搭建临时遮护棚。最好搭成三面防风，地上可以铺设干稻草或者是旧衣物、棉被等。发现体温过低要及时处理，防止身体热量进一步散发。脱去潮湿的衣服（不能脱光），每次脱一件外套，换上干衣。不要直接躺于地面，要采取保暖措施。饮用热饮料，食用含糖食品。

4.经常活动按摩

要尽量减少皮肤暴露部位，对易于发生冻疮的部位，有必要经常活动或按摩。避免接触导热快的物品。如金属与赤手或雪与臀部的接触，可使热量加速丧失，引起局部冻伤。体温过低加重时，身体就难以再次自我加热，因此须从体外加热。但是注意不要快速大面积直接加热，因为这样会促使冰冷的血液流入体内，进一步加重病情。可将热体放在以下部位：腰背部、胃部、腋窝、后颈、腕部、裆部，这些部位血流接近体表，可以携带热量进入体内。

5.及时补充能量

人体在寒冷环境中要维持体温，就必然代谢增加，体力消耗增多，只有增加营养物质的摄取量才能满足人体需要。因而高热量的蛋白质、脂肪类的食物应该比平常增加。酒精和水不能产热，寒冷时绝对不要饮酒，饮酒虽然暂时可以造成身体发热的感觉，但实际上酒精使血管膨胀，增加了身体的散热，更易导致体力衰弱。

学以致用

1.为什么会发生雪灾？

2.雪灾发生后要怎么自救？

第三讲　风灾自救

风对人类的生活具有很大影响，它可以用来发电，帮助致冷和传授植物花粉。但是，当风速和风力超过一定限度时，它也可以给人类带来巨大灾害。学习和了解风的基本知识，掌握对风灾防护的方法是提高防护技能的一种重要途径。

案例导入

【案例1-67】超强台风"利奇马"在浙江温岭登陆

超强台风利奇马于2019年8月10日1时45分许在浙江省温岭市城南镇沿海登陆，登陆时中心附近最大风力有16级，这使其成为2019年以来登陆中国的最强台风和1949年以来登陆浙江第三强的台风。截至2019年8月14日10时，"利奇马"共造成中国1 402.4万人受灾，57人死亡，209.7万人紧急转移安置，直接经济损失537.2亿元人民币。

【案例1-68】2016年江苏盐城"6.23"龙卷风灾害

2016年6月23日下午14点30分左右，江苏省盐城市阜宁县遭遇强冰雹和龙卷风双重灾害。截至6月26日9时，江苏盐城特别重大龙卷风冰雹灾害共造成99人死亡，受伤846人。此次灾害已确认为龙卷风，风力超过17级。

案例思考

1.台风"利奇马"造成哪些灾害？
2.江苏盐城龙卷风造成哪些灾害？

预防措施

需注意：为什么是风灾？

风灾，指因暴风、台风或飓风过境而造成的灾害。大风除有时会造成少量人口伤亡、失踪外，主要破坏房屋、车辆、船舶、树木、农作物以及通信设施、电力设施等，由此造成的灾害为风灾。风灾灾害等级一般可划分为3级：

（1）一般大风：相当6~8级大风，主要破坏农作物，对工程设施一般不会造成破坏。

（2）较强大风：相当9~11级大风，除破坏农作物、林木外，对工程设施可造成不同程度的破坏。

（3）特强大风：相当于12级和以上大风，除破坏农作物、林木外，对工程设施和船舶、车辆等可造成严重破坏，并严重威胁人员生命安全。

必学习：台风来临前和来临后如何处理？

1. 在大风来临前

（1）要弄清楚自己所处的区域是否是大风要袭击的危险区域。

（2）要了解安全撤离的路径，以及政府提供的避风场所。

（3）要准备充足且不易腐坏的食品和水。

2. 大风到来时（当气象部门发布台风预警信号时）

（1）要经常收听电台、电视以了解最新的热带气旋动态。

（2）保养好家用交通工具，加足燃料，以备紧急转移。

（3）检查并牢固活动房屋的固定物以及其他危险部位；检查并且准备关好门窗，迎风面之门窗应加装防风板，以防玻璃破碎；常检查电力设施、设备和用电器，注意炉火、煤气、液化气，以防火灾。

（4）检查电池、直流电收音机，以及储备罐装食品、饮用水和药品；准备一定的现金。

（5）清扫屋外排水沟及屋顶排水孔，以防阻塞积水。

（6）居住河边或低洼地带，应预防河水泛滥，及早撤到较高地区；如果居住在移动房、海岸线上、小山上、山坡上容易被洪水或泥石流冲的房屋里，要时刻准备撤离该地。

（7）屋外各种悬挂物体应立即取下或钉牢，并修剪树枝，以防暴风吹毁伤人。

（8）风势突然停止时可能正处于大风眼时刻，不可贸然外出。确需行走时，应避开危险建筑、高层建筑与高层建筑之间的道路等。徒步者可选择雨衣作雨具，特别是学生应少使用雨伞；骑车者应下车步行，以免失去控制；开车者应减速慢行，注意加强观察，并避免将车辆停放在低地、桥梁、路肩及树下，以防淹水、塌方或压损。

（9）遇有紧急情况，可拨打"110""119""120"等电话。

3.当发布蓝、黄、红、橙、红色台风预警信号时

（1）听从当地政府部门的安排。

（2）如需离开住所，要尽快离开，并且尽量和朋友、家人在一起，到地势比较高的坚固房子，或到事先指定的洪水

区域以外的地区。

（3）无论如何都要离开移动房屋、危房、简易棚、铁皮屋；不能靠在围墙旁避风，以免围墙被台风刮倒引致人员伤亡。

（4）把自己的撤离计划通知邻居和在警报区以外的家人或亲戚。

（5）千万不能为了赶时间而冒险蹚过水流湍急的河沟。

4. 当大风信号解除后

要坚持收听电台广播、收看电视，当撤离的地区被宣布安全时，才可以返回该地区。返回时，如果遇到路障或者是被洪水淹没的道路，要绕道而行。要避免走不坚固的桥。返回后，要仔细检查煤气、水以及电线线路的安全性。

总结归纳：防灾十大小贴士

NO.1 食物矿泉水，有备才无患；

NO.2 手电小照明，能派大用场；

NO.3 最怕高空物，事前做检查；

NO.4 疏通下水管，以防屋进水；

NO.5 住在危险区，落脚亲戚家；

NO.6 最好不出门，出门不带伞；

NO.7 提醒有车族，给车先体检；

NO.8 停车小事情，会出大问题；

NO.9 躲雨有窍门，防雷也必要；

NO.10 家中老小儿，安全要关照！

补救措施

必掌握：台风过后如何处理？

1.不要乱接断落电线

台风过后，路上常常看见刮落电线。无论带电与否，都应视为带电，与电线断落点保持足够的安全距离，并及时向电业部门报告。在没有十足的安全把握前，不要随意检测煤气、电路等，以防不测。

2.及时清运垃圾

经过台风后，街道两旁到处都是落叶、淤泥、生活垃圾，很容易滋生各种疫病，此时，大家应第一时间对垃圾进行清理。另外，家里如果有食物被水淹过，或者有用品在台风中受损，也要及时处理。

3.不要忘记灾后防疫

台风过后，家里的饮用水如受到污染，要进行消毒，同时还要做好周围环境的打扫工作，被淹或者被雨水浸渍的地方清洗时最好喷洒些消毒药水。

4.预防虫媒传染病

台风过后，受灾地区老鼠、蚊蝇容易大量滋生，也容易给人类带来虫媒传染病，比如登革热等。因此，台风过后一定要做好周围环境的清洁工作，将花坛、废旧轮胎里的积水除去，避免蚊子滋生，搞好家庭卫生，消灭苍蝇、蟑螂。

5.不要急着回家或盲目开车进山

台风过后，有些地方会存在山体滑坡、泥石流、河岸崩塌等地质灾害隐患，所以被撤离的人员不要急着回家查看受灾情况，最好等居住地宣布安全后，再按照安排返回家园。更不要盲目开车进山，因为经过暴雨的冲刷，山区山石塌方、路基被毁等灾害的发生概率增加，此时进山危险很大。

学以致用

1. 风灾发生的时候，你该如何自救？
2. 风灾过后，你该如何处理呢？

第四讲　雷电自救

雷电灾害，是一种气象灾害。雷电灾害作为自然界中影响人类活动的最重要灾害之一，已经被联合国列为"最严重的十种自然灾害之一"。那么雷电来袭，我们该怎样保障安全呢？

案例导入

【案例1-69】重庆开县一小学被雷击 95名上课师生全部倒地

2007年5月23日下午4点30分左右，雷暴袭击了位于义和镇山坡上的兴业村小学。当时该小学四年级和六年级各有一个班正在上课，一声惊天巨响之后，教室里腾起一团黑烟，烟雾中两个班共95名学生和上课老师几乎全部倒在了地上，一片狼藉的现场让闻讯赶来的其他老师震惊万分，7个孩子已死亡，39人受伤。

【案例1-70】浙江淳安一船只被雷电击中造成3人死亡4人受伤

2008年6月23日，淳安县文昌镇丰茂村附近的杨梅岛，一艘正在靠岸的船只被雷电击中，造成了3死4伤的重大雷击伤人事件。

雷电灾害——火灾

【案例1-71】广东顺德雷击事故

2009年6月4日，广东省顺德高黎社区一住宅工地，8名工人在临时搭建的工棚内避雨时，突遭雷击当场致4人死亡、1人重伤、1人轻伤。

案例思考

这些事件，本可避免，却因缺乏相应的防护知识，夺走了数条鲜活无辜的生命，值得我们深思和反省。我们应该如何防护呢？

预防措施

需注意：雷电灾害形成的原因是什么？雷电对人的伤害方式有哪些？

我国的雷电灾害主要集中在每年的4—9月，其中6—8月为高发期，因为我国强对流天气基本上集中在每年的6—8月，进而使得全国大范围地区在6—8月频繁发生雷电灾害事故。从地域分布看，总体上呈东南部多、西北地区少的趋势；最集中多发的三大地区位于东南五省（湘、赣、浙、闽、粤）、山东、河北。

一、雷电灾害形成的原因

（1）我国地处温带和亚热带地区，受冷暖空气和海陆相互作用的共同影响，强对流天气频繁导致雷电与雷暴活动多发。

（2）暖湿气流受到山地的抬升作用，容易形成对流不稳定，有利于雷暴云的形成，海拔高的地区比海拔低的地区更容易遭受雷电的侵袭。

（3）从灾害学的角度看，一个地区人口和财产越集中，易损性越高，雷电灾害风险就越大，可能遭受的潜在损失也越大。

二、雷电对人的伤害方式

（1）直接雷击：闪电直接袭击到人体，高达几万到十几万安培的雷电电流，由人的头顶部一直通过人体到两脚，流入大地，严重的甚至死亡。

（2）接触电压：当雷电电流通过高大的物体，产生高达几万到几十万伏的电压。人触摸到这些物体时，就会发生触电事故。

（3）旁侧闪击：当雷电击中一个物体时，如果人在附近，雷电电流就会将空气击穿，使人遭受袭击。

（4）跨步电压：人的两脚站的地点电位不同，人的两脚间就产生电压，两腿之间的距离越大，跨步电压也就越大。人体就会受到伤害或者死亡。

必学习：防雷知识有哪些？

1.室内防雷击

（1）强雷鸣闪电时，不要站在屋顶或楼顶上，待在家里，并将房屋的门窗关好。

（2）最好将家里所有家电设备的插头拔下，不要使用带有外接天线的收音机，不使用电视、空调、电脑、不打电话。

（3）需要特别注意的是，在雷雨天气不要用太阳能热水器洗澡，因为太阳能热水器一般都安装在屋顶，容易遭雷电袭击，一旦发生雷击，大量高电压的电流会沿着金属水管和热水进入浴室，如果这个时候洗澡，轻则导致热水器的烧毁，重则会出现爆炸、火灾或人员伤亡等事故。

还要尽量远离金属门窗、金属幕墙；不要靠近、更不要去摸任何金属管线，包括水管、暖气管、煤气管等。

2.户外防电击

（1）如果在雷电交加时，头、颈、手处有蚂蚁爬走感，身上的毛发突然竖起，皮肤感到轻微的刺痛，甚至听到轻微的爆裂声，这就是雷电快要击中你的征兆。应马上蹲下，不要用手撑地，应同时双手抱膝，胸口紧贴膝盖，尽量低下头。并拿去身上佩戴的金属饰品和发卡、项链等。

（2）空旷地带和山顶上的孤树和孤立草棚等应该回避，应尽量躲到山洞深处，两脚也要并拢，身体也不可接触洞壁，同时也要把身上的金属物件拿走。

身体向前屈，不要将头抬得过高。

（3）雷电期间应尽量回避未安装避雷设备的高大物体，也不要到山顶或山梁等制高点去。不要靠近避雷设备的任何部分。铁路、延伸很长的金属栏杆和其他庞大的金属物体等也应回避。

（4）如果你在江、河、湖泊或游泳池中游泳时，遇上雷雨则要赶快上岸离开。因为水面易遭雷击，况且在水中若受到雷击伤害，还增加溺水的危险。另外，尽可能不要待在没有避雷设备的船只上，特别是高桅杆的木帆船。

（5）如正在驾车，应留在车内。千万不能将头、手伸出车外。车厢是躲避雷击的理想地方。在雷雨天气中，不宜快速开摩托、快骑自行车或在雨中狂奔，因为身体的跨步越大，电压就越大，也越容易伤人。

（6）如果看到高压线遭雷击断裂，应提高警惕，因为高压线断点附近存在跨步电压，身处附近的人此时千万不要跑动，应双脚并拢、跳离现场。

补救措施

必掌握：雷击后如何施救

那么，如果有人遭受了雷击怎么办？

（1）遭受雷击时，往往会出现"假死"状态。此时应立即进行口对口人工呼吸，雷击后进行人工呼吸越早，对伤者的身体恢复越好。因为人脑缺氧时间超过10分钟就会有生命危险。

（2）应对伤者进行心脏按压，并迅速通知120进行抢救。

（3）若伤者遭受雷击后引起衣服着火，此时应马上让伤者躺下，以使火焰不致烧伤面部。并往伤者身上泼水，或者用厚外衣、毯子等把伤者裹住，以扑灭火焰。灼伤严重者不可涂抹油类、膏类药物，以免把水泡弄破，造成感染。

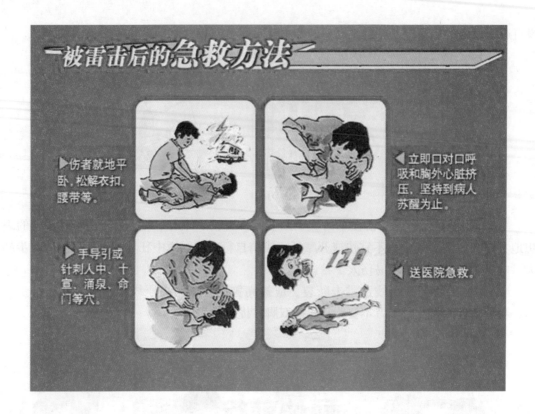

被雷击后的急救方法

▶伤者就地平卧，松解衣扣、腰带等。

◀立即口对口呼吸和胸外心脏挤压，坚持到病人苏醒为止。

▶手导引或针刺人中、十宣、涌泉、命门等穴。

◀送医院急救。

学以致用

1. 强雷电发生时，你该如何自救？

2. 若遇他人遭遇雷击，如何对其进行施救？

第五讲 暴雨自救

2020年以来，暴雨灾害已经造成我国多人遇难，损失巨大。从6月2日至7月2日，中央气象台已经连续31天发布暴雨预警，持续时间为近年来罕见。暴雨还带来了一系列的连锁反应，给人民和国家造成重大经济损失。那暴雨来临时如何自救？

案例导入

【案例1-72】2020年全国各地持续强降雨

2020年5月21日晚至22日早晨，广州遭遇特大暴雨。5月30日起广西出现持续强降雨天气，引发洪涝灾害。6月以来，江南、华南部分地区暴雨成灾。其中广西大部、广东中部和东部、福建西部、江西东部等地降水量达300至500毫米，局部地区超过800毫米。据悉截至6月28日，我国南方地区洪涝灾害共造成1 216万人次受灾，78人死亡失踪，72.9万人次紧急转移安置；8 000余间房屋倒塌，9.7万间不同程度损坏；直接经济损失超257亿元。

【案例1-73】2013年四川特大暴雨灾害事件

2013年7月9日晚开始，四川省境内连续遭受强降雨，部分地方暴雨到大暴雨，成都、绵阳、雅安等地受灾严重。7月10日10时左右，都江堰市中兴镇三溪村一组五显岗（五里峰）发生大面积山体滑坡，塌方体量大约2平方公里。经初步统计有11户房屋被毁，当地村民和游客已有2人死亡，21人失踪。截至7月10日16时，暴雨已造成9人死亡、62人失踪、145万余人受灾。

【案例1-74】浙江启动钱塘江干流防御特大洪水方案

2011年6月，浙江钱塘江流域遭遇56年来最大洪水。三天内，四轮强降雨持续侵袭浙江。据浙江省防汛抗旱指挥部的最新统计，截至6月20日7时，浙江省有10个市57个县（市、区）受灾，受灾人口441.3万人，倒塌房屋8 400间，因灾死亡2人、失踪1人，农作物受灾面积241.6千公顷，726条次公路中断。因洪涝灾害造成直接经济损失76.9亿元。考虑到钱塘江流域整体防汛安全，21日9时30分，新安江水库将开闸泄洪。

案例思考

1. 至2020年6月28日暴雨对我国造成了哪些危害？
2. 2013年四川特大暴雨造成哪些危害？
3. 暴雨来临，我们怎样防护自身的安全？

预防措施

需知道：暴雨灾害产生的原因是什么？暴雨的危害性有哪些？

一、暴雨灾害产生的原因

暴雨的发生主要是受到大气环流和天气、气候系统的影响，是一种自然现象。暴雨灾害的发生不仅有其自然的原因，而且有其社会和人为因素的影响。天气和气候因素是引发暴雨的直接原因。当暴雨发生以后，地理环境成为影响灾害发生的重要因素。人为因素主要表现在以下方面：

（1）破坏森林植被，引发水土流失。

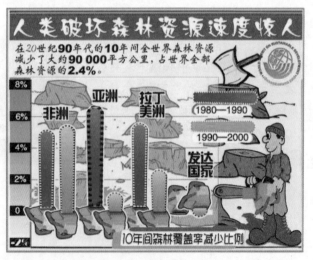

（2）围湖造田，影响蓄洪能力。

（3）侵占河道，流水不畅。

（4）防洪设施标准偏低。

（5）大中城市过量抽取地下水，引起地面沉降，加剧了城市洪涝险情。

二、暴雨的危害性

暴雨的危害主要有两种，一是渍涝危害。二是洪涝灾害。容易引发洪流，导致村庄、房屋、船只、桥梁、游乐设施等受淹，甚至被冲走，造成生命财产损失；可能造成水利工程失事；容易引发山体滑坡、泥石流等地质灾害，造成人员伤亡。

必学习：暴雨来临之前和暴雨来临时的防护措施有哪些？

一、暴雨来临之前的防护措施

（1）及时关注关于暴雨的最新预报。

（2）检查房屋，如果是危旧房屋或处于地势低洼的地方，应及时转移。

（3）暂停室外活动，学校可以暂时停课。

（4）检查电路、炉火等设施是否安全，关闭电源总开关。

（5）提前收盖露天晾晒物品，收拾家中贵重物品置于高处。

（6）暂停田间劳动，户外人员应立即到地势高的地方或山洞暂避。

二、暴雨来临时的防护措施

（1）地势低洼的居民住宅区，可因地制宜采取"小包围"措施，如砌围墙、大门口放置挡水板、配置小型抽水泵等。

（2）不要将垃圾、杂物等丢入下水道，以防堵塞，造成暴雨时积水成灾。

（3）底层居民家中的电器插座、开关等应移装在离地1米以上的安全地方。一旦室外积水漫进屋内，应及时切断电源，防止触电伤人。

（4）在积水中行走要注意观看。防止跌入窨井或坑、洞中。

（5）河道是城市中重要的排水通道，不准随意倾倒垃圾及废弃物，以防淤塞。

补救措施

必掌握：暴雨来临时和暴雨过后的救护措施有哪些？

一、暴雨过后学生注意事项

（1）暴雨过后，家长要与学校保持联系，暴风骤雨和隔河堵水时，家长要坚持主动到学校接送孩子，学生不能擅自涉险回家。

（2）因洪水原因留校的学生，要听从学校的管理，情况允许了才回家，不能擅自个人或结伴去查看洪水情况。

（3）学生对河水暴涨不要好奇，不要私自或结伴去河畔看水，到河里游泳。也不要在汛期私自或结伴到溪、池、坑、塘和水库附近玩耍。

（4）当得知暴雨预警时，需注意出行安全，不要到户外，尤其是人烟稀少的地方游玩。

（5）未成年人发现有人溺水，尽量不要下水营救，应立即大声呼救，找成年人来帮忙。《未成年人保护法》也规定："未成年人不能参加抢险等危险性活动。"

二、洪水来袭时自救

（1）受到洪水威胁，如果时间充分，应按照预定路线有组织地向山坡、高地等处转移，同时小心山坡滑落，以防泥石流。

（2）洪水来得太快，已经来不及转移时，要立即爬上屋顶、楼房高屋、大树、高墙，做暂时避险，等待援救。不要游水转移。

（3）如果连降大雨，很容易发山洪。遇到这种情况，应该注意避免渡河，以防止被山洪冲走，还要注意防止山体滑坡、滚石、泥石流的伤害。

（4）发现高压线铁塔倾倒、电线低垂或断折，要远离避险，不可触摸或接近，防止触电。

（5）如已被卷入洪水中，一定要尽可能抓住固定的或能漂浮的东西，寻找机会逃生。

三、暴雨下溺水的救援

（1）可将竹竿、木板、绳索等物抛给溺水者。

（2）大声呼救，向大人求救，拨打120。有能力者可进行急救。

四、暴雨过后的整治

1.室外环境的整治

整修道路，排除积水，填平坑洼，清除住所外的污泥，垫上砂石或新土。清除垃圾杂物，铲除杂草，疏通沟渠，掩埋禽畜尸体，进行环境消毒。

2.室内的清理

清理室内物品，全面清扫室内和院落。可用含氯消毒剂将房间的墙壁和门窗进行一次全方位的喷洒，地面撒一层石灰，打开所有的门窗，让室内通风干燥，空气清新后方可搬入居住；日常生活用品可进行煮沸消毒或在阳光下暴晒。

学以致用

1．暴雨来临时防护措施有哪些？

2．洪水来袭时该如何逃生？

第六讲　海啸自救

夏天到了，天气持续的高温，很多同学都喜欢乘着假期到海边游玩。晴朗的天空，蔚蓝的海面，雪白的沙滩，这些带给了同学们美好的享受，但同时也隐藏着一定的危险。虽然海啸并不经常发生，也不容易引起大家的足够重视，但是海啸的破坏力巨大，一旦发生带来的可能是巨大的灾难。因此，海边最大的危险莫过于海啸了。那我们在海啸来临时该如何逃生呢？

案例导入

【案例1-75】印尼大海啸

　　2004年12月26日，在印尼苏门答腊以北的海底中，发生了高达9.3级的超大地震，从而引发了超大海啸，印尼海啸的高度高达10多米，10多米高的海浪，加上巨大的冲击力，不管是建筑还是人类都在"它"的面前没有任何的反抗余地，对印度尼西亚以及东南亚等国都造成了毁灭性的打击。这场海啸造成了超过30万余人的死亡或失踪，波及范围非常的广，造成的经济损失保守估计在100亿美元，成为继1970年孟加拉国热带风暴、1976年7月中国唐山大地震之后，30年来世界第三大自然灾害，受到世界各国的广泛关注。

【案例1-76】日本大海啸

2011年3月11日14时46分，日本东北地方外海发生9.0级的大型地震，随后引发了高达10米的海啸，最高时达到了23米。日本官方已确认地震海啸已造成8 133人死亡（2011年03月20日），失踪12 272人。海啸袭击了日本列岛的广阔范围，这次海啸也让日本核辐射的灾难再次升级，给日本造成了超过65亿日元以上的损失。时至9年后的今日，日本东北部的振兴重建工作依然还在继续。

案例思考

1.印尼大海啸产生哪些危害？
2.日本大海啸造成哪些损失？

预防措施

需注意：为什么会发生海啸？

海啸是一种具有强大破坏力的海浪。水下地震、火山爆发或水下塌陷和滑坡等大地活动都可能引起海啸。海啸在外海时由于水深，波浪起伏较小，不易引起注意，但到达岸边浅水区时，巨大的能量使波浪骤然升高，形成内含极大能量，高达十几米甚至数十米的"水墙"，冲上陆地后所向披靡，往往造成对生命和财产的严重摧残。

必学习：海啸登陆有哪些前兆？

（1）在沿海地区，地震是海啸发生的最明显征兆，地面强烈震动并发出隆隆声，就预示着海啸要来了。

（2）海啸来临前，潮汐会突然反常涨落，海平面显著下降或者有巨浪袭来，海水会呈白色并出现大量泡沫或者迅速退去，裸露大面积的沙滩，海滩看起来比平时大很多。

（3）动物也会出现异常的举动，例如：深海鱼浮到海滩，地面上的动物逃往高地、恐惧海岸、聚集成群或进入建筑中等。

（4）海水突然变热，海上发出类似于喷气式飞机或列车行驶的声音，这些情况的出现往往也预示着海啸的到来。

补救措施

必掌握：发生海啸后怎么办

1.海啸刚来时

（1）收到海啸警报，就算没有感觉到震动也要尽快撤退，迅速离开海岸，向内陆高处转移。如果你的时间有限或已经身处险境，选择高大、坚固的建筑物并尽可能往高处爬，最好能够爬到屋顶。

（2）巨大海啸来临时，我们应尽量牢牢抓住能够固定自己的东西，不要到处乱跑。因为海啸发生的时间往往很短，人是跑不过海浪的。在浪头袭来的时候，要屏住呼吸，尽量抓牢不要被海浪卷走，等海浪退去后，再向高处转移。

2.海啸中落水后

（1）落入海水后要尽量用手抓住漂浮物，如救生圈、门板、树干等。千万不要慌张、乱挣扎，以免浪费体力。人尽量放松，努力使自己漂浮在海面。

（2）尽可能向其他落水者靠拢，既便于相互帮助和海啸自救，又可以扩大目标更容易被救援人员发现。

（3）在海上漂浮时，要尽量使自己的鼻子露在水面或者改用嘴呼吸，然后马上向岸边移动。可以把漂浮物当作判断海岸位置的参照物：漂浮物越密集代表离岸越近，越稀疏则代表离岸越远。

3.海啸中获救后

（1）人在海水中长时间浸泡，会造成体温下降，被救上岸后，最好能放在温水里恢复体温，没有条件时也应尽量裹上被、毯、大衣等保温。给落水者适当喝一些糖水有好处，可以补充体内的水分和能量。

（2）及时清除落水者鼻腔、口腔和腹内的吸入物。

（3）海啸可以持续撞击海岸达数小时，因此危险不会很快过去。除非你从应急服务机构得到了确定的消息，否则不要返回。在没有得到确切消息前要耐心等待，保持与外界的联系，不断接收最新信息，不要轻信谣言。

学以致用

1. 海啸登陆有哪些前兆？

2. 海啸中落水后我们应如何自救？

第七讲 泥石流自救

从5、6月份开始，我国各地开始进入汛期，许多地方出现了大范围、高强度的降雨。特别是2020年，在"本世纪最长梅雨季"的加持下，一直开启阴雨模式，很多同学都抱怨校服干不了、不能出去玩，也听到我国很多地方出现了泥石流等自然灾害。那假如你生活的地方发生了泥石流，你知道怎么自救吗？

案例导入

【案例1-77】舟曲特大泥石流

2010年8月7日夜至8日凌晨，甘肃甘南藏族自治州舟曲县突发特大泥石流，泥石流长约5 000米，平均宽度300米，平均厚度5米，总体积750万立方米，流经区域被夷为平地。泥石流堵塞白龙江形成堰塞湖，县城部分被淹，电力、交通、通信中断，造成重大人员伤亡。舟曲8·7特大泥石流灾害中遇难1 557人，失踪284人。

【案例1-78】丹巴泥石流

2020年6月17日凌晨3点20分许，甘孜州丹巴县半扇门镇梅龙沟发生泥石流，阻断小金川河，形成堰塞湖，造成国道G350烂水湾段道路中断，烂水湾阿娘寨村山体滑坡。丹巴县累计疏散5 000余户20 000余人，成功救援14人，失联2人。

案例思考

1.泥石流会给人们带来哪些危害？
2.预防泥石流我们可以采取哪些措施？

预防措施

需注意：泥石流发生的原因是什么？泥石流容易在什么时间发生？

一、泥石流发生的原因

泥石流是在山区或者其他沟谷深壑地区，因为暴雨、暴雪或其他自然灾害引发的山体滑坡并携带有大量泥沙以及石块的特殊洪流。泥石流具有突然性以及流速快、流量大、物质容量大和破坏力强等特点。

泥石流的形成需要三个基本条件：有陡峭便于集水集物的适当地形；上游堆积有丰富的松散固体物质；短期内有突然性的大量流水来源。

在我国，一般把泥石流分为冰川型泥石流、降雨型泥石流、共生型泥石流。

二、泥石流容易发生的时间

（1）季节性：泥石流的暴发主要受连续降雨、暴雨，尤其是特大暴雨等集中降雨的激发。因此，泥石流发生的时间规律与集中降雨时间规律相一致，具有明显的季节性。一般发生于多雨的夏秋季节。

（2）周期性：泥石流的发生受雨、洪、地震的影响，而雨洪、地震总是周期性地出现。因此，泥石流的发生和发展也具有一定的周期性，且其活动周期与雨洪、地震的活动周期大体一致。

（3）泥石流的发生，一般是在一次降雨的高峰期，或是在连续降雨后。

必学习：泥石流发生的前兆有哪些？

（1）河（沟）床中正常流水突然断流或洪水突然增大（夹有较多柴草、树木）。

（2）河（沟）谷上游突然传来异常轰鸣声。声音明显不同于机车、风雨、雷电、爆破等声音，可能是由泥石流携带的巨石撞击产生。

（3）河（沟）谷深处变得昏暗并伴有轻微的震动感。

补救措施

必掌握：泥石流发生时怎么应急？

（1）白天降雨较多后，晚上要密切注意雨情，最好提前撤离。

（2）泥石流发生时，择最短最安全的路径向沟谷两侧山坡或高地跑，爬得越高越好，跑得越快越好，切忌顺着泥石流前进的方向跑。

（3）不要停留在坡度大、土层厚的凹处。

（4）不要上树躲避，因泥石流可扫除沿途一切障碍。

（5）远离地势空旷地带，逃生过程中，可以就近选择树木生长密集的地带逃生，密集的树木可以阻挡泥石流的前进，切勿往地势空旷、树木生长稀疏的地段跑。

（6）长时间降雨或暴雨渐小或雨刚停不能马上返回危险区。

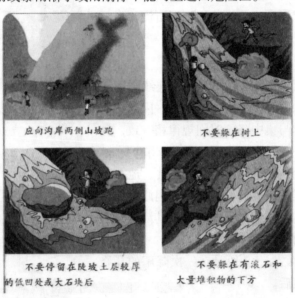

应向沟岸两侧山坡跑　　　　　　不要躲在树上

不要停留在陡坡土层较厚　　　　不要躲在有滚石和
的低凹处或大石块后　　　　　　大量堆积物的下方

学以致用

1. 泥石流发生时该如何自救？

2. 泥石流发生前会有些什么前兆？

第八讲 地震自救

你经历过地震吗？你知道地震来了该怎么办吗？学校的地震安全逃生演练你有认真参加吗？很多同学在电视上看到过地震灾区的情形——房屋倒塌，死伤无数，感受到了地震强大的摧毁力。其实地震也并没有那么可怕，只要防护得当，我们就可以保证自己的安全。那么，地震来临时我们该怎么自救呢？

案例导入

【案例1-79】汶川大地震

2008年5月12日14时28分04秒，四川汶川、北川发生8.0级地震，破坏地区超过10万平方千米，地震烈度可能达到11度，地震波及大半个中国及亚洲多个国家和地区。地震造成69 227人遇难，374 643人受伤，17 923人失踪。此次地震是新中国成立以来国内破坏性最强、波及范围最广、总伤亡人数最多的地震之一。经国务院批准，自2009年起，每年5月12日为全国"防灾减灾日"。

【案例1-80】四川长宁地震

2019年6月17日22时55分在四川省宜宾市长宁县（北纬28.34度，东经104.90度）发生6.0级地震，震源深度16千米。四川、重庆、云南、贵州多地对此次地震有感。截至2019年6月19日6时，四川长宁6.0级地震已造成16.8万人受灾，因灾死亡13人、受伤199人、紧急转移安置15 897人。

案例思考

1. 汶川大地震造成哪些灾害？
2. 当你在教室上课时发生地震，你该怎么做？

预防措施

需注意：地震主要发生在哪些区域？地震前的预兆有哪些？

一、地震主要发生的区域

全世界平均每年发生100多次6级以上地震，它们总是发生在一定的地带，这与地壳岩石层构造和活动有密切关系。中国位于世界两大地震带——环太平洋地震带与欧亚地震带之间。地震活动主要分布在五个地区的23条地震带上，这五个地区是：台湾省及其附近海域；西南地区，主要是西藏、四川西部和云南中西部；西北地区，主要在甘肃河西走廊、青海、宁夏、天山南北麓；华北地区，主要在太行山两侧、汾渭河谷、阴山—燕山一带、山东中部和渤海湾；东南沿海的广东、福建等地。

二、地震前的预兆

大地震发生前，大自然中会有一些异常情况发生，我们称之为地震前兆。地震前兆的类型有哪些呢？

1. 微观异常

人的感官无法觉察，只有用专门的仪器才能测量到的地震异常称为地震的微观异常，主要包括：地震活动异常、地形变异常、地球物理变化、地下流体的变化。

2. 宏观异常

人的感官能直接觉察到的地震异常现象称为地震的宏观异常。地震宏观异常的表现形式多样且复杂，大体可分为：地下水异常、生物异常、地声异常、地光异常、电磁异常、气象异常等。

震前井水变化的谚语：
井水是个宝，前兆来得早；
无雨泉水浑，天旱井水冒；
水位升降大，翻花冒气泡；
有的变颜色，有的变味道。

动物反常顺口溜
震前动物有预兆，群测群防很重要。
牛羊骡马不进厩，猪不吃食狗乱咬。
鸭不下水岸上闹，鸡飞上树高声叫。
冰天雪地蛇出洞，大鼠叼着小鼠跑。
兔子竖耳蹦又撞，鱼跃水面惶惶跳。
蜜蜂群迁闹轰轰，鸽子惊飞不回巢。
家家户户都观察，发现异常快报告。

必学习：地震自救知识有哪些？

一、地震逃生三大原则

1.蹲下、掩护、抓牢

无数次地震救援案例表明，地震中最危险的时刻，是在晃动最为强烈时，试图强行逃出房屋，或返回房屋试图抢救同伴及某些物品。这些举动会加大被坠落物体砸死、砸伤的概率。

因此，国际通行的地震逃生原则"蹲下、掩护、抓牢"，至少时至今日仍然是有效的。

2.最佳路线"停—跑—停"

地震其实是有规律的，一次震动袭来，先是纵波上下动，后是横波左右晃，短的一二十秒，长的持续一两分钟，之后便会有短暂的平静期。间隔时间越长，说明震源离你越远。

当房子晃动的时候，你可以躲在安全的地方思考，不晃的时候往下一个地点转移，在下一波震动来袭之前，躲在新的可藏身的安全之处。

3.次生灾害要避开

在地震发生时，可能会由于各种因素的突变而导致次生灾害的发生，如火灾、泥石流等等。因此，在确保自身安全的情况下，清除一切可能会引发次生灾害的因素，以防因次生灾害的发生而造成更多的伤害。

二、地震时学校逃生方案

（1）如果遇到突发的地震，一定要第一时间躲到课桌底下，蹲着不要乱跑动，双手抱住头，也可以用课本压住头顶再抱住头，防止天花板的开裂掉下东西来，这样能尽量减少受到的伤害。

（2）下楼梯或者走廊时，切记不要争先恐后地跑，一定要有序地向安全通道外面走，记住这时候也要双手抱住头，不要朝天花板看。

（3）在地震来的很猛烈，却又不能及时去外面的情况下，大家一定要记得，除了在桌子底下躲着之外，还要在墙角的小三角形的范围里面躲着。因为三角形具有稳定性，躲在三角形的范围内能有效地防护自身安全。同样也是要像之前一样蹲着双手抱着头。

（4）地震来时，如果同时发生火灾，有口罩的话一定要戴上口罩。没有的话就找面巾、棉布之类的东西，蘸一些水，捂住口有序的逃离地震火灾现场。记得要匍匐着前进。

（5）在从教室出来后，就已经逃离最危险的区域了，但是这时候也不是完全的安全。因为地震还在继续着，当大家跑到空地时，要蹲下来，双手要抱住头，不要到处乱跑。还要听从老师的指挥和安排。

（6）地震发生时，若在室外或操场，应趴下、蹲下或坐下，双手护住头部，避开高大建筑或危险物体，千万不能因忘拿东西返回教室。

（7）在家里遭遇地震时，应尽可能关掉家中电器，切断电源，关闭煤气，防止次生灾害发生。而后要躲在结实或不易倾倒的物体下或旁边，抓住身边牢固的物品然后蹲下或坐下，把身体尽量蜷曲起来。也可以躲到卫生间、厨房等空间小的地方避震，千万不能到阳台或乘电梯进行避震。

三、地震逃生中的注意点

（1）破坏性地震从人感觉震动到建筑物被破坏平均只有12秒钟，在这短短的时间内你千万不要惊慌，应根据所处环境迅速作出保障安全的抉择。

（2）选择坚固牢靠的角落或家具来躲避建筑物坍塌的打击。

（3）如果震后不幸被废墟埋压，就要保护自己的重要部位头部和面部，尽可能加固周边的空间，给自己增加生存概率。要尽量保持冷静，设法自救。无法脱险时，要保存体力，尽力寻找水和食物，创造生存条件，耐心等待救援人员。

（4）如果你被埋较深，短时间内无法被救援；你要在有限的空间内为自己准备续命的粮食和水源，树皮、剩饭菜甚至要存储自己的尿液。

（5）在地震刚结束又受伤的情况下，不要盲目地呼救大喊，要积蓄体力，想办法先为自己控制伤势；当听见动静的时候再拼命呼救。

（6）被掩埋或者被困在某一个密闭环境中，光是喊救命有可能无法让外面的人注意到，所以在这个时候一定要利用其他的方式来向外界传达呼救信息，比如用硬物敲打墙壁、敲打水管，等等。

学以致用

1. 地震中如果被埋在废墟中，你该如何自救？

2. 在教室上课时发生地震的逃生线路你知道吗？

实训实习 第二篇

第一讲　触电事故预防

如今，家家户户都有电器，用电的频繁使得用电事故时有发生。触电事故是一种后果十分严重的灾难性事故，我们必须坚决避免和防护因触电带来的伤害。毕竟生命只有一次，需要自己倍加珍惜和保护，不要因麻痹大意而后悔。那我们应该如何珍爱生命，预防触电呢？

案例导入

【案例2-1】违章作业，触电死亡

2002年3月11日，某供电公司项目部进行了电站1B主变的检修，1B主变差动保护动作，主变高压侧断路器跳闸，电站现场运行负责人林某某当即召集人员进行检查，并要求项目部人员协助查找原因。在检查1#机10kV开关室内时，林某某要求项目部人员检查1#机出口断路器的主变差动电流互感器的二次侧端子（在发电机出口开关柜内的电流互感器上）。经双方口头核实安全措施以后，邓某便进去检查，邓某钻进去检查电流互感器接线端子是否松动，随即柜内出现强烈的电弧光，邓某触电，当场被电击伤太阳穴、手掌等部位。停机后，现场人员将邓某移出开关柜，项目部安委会立即向上级汇报了事故情况，并及时与当地医院取得了联系。并将邓某送往医院抢救，终因伤势过重抢救无效而死亡。

【案例2-2】铜丝代替保险丝，触电身亡

毕业于浙江大学的小冯报考了复旦大学国际贸易学硕士研究生。2004年2月他从温州来到上海作考前准备，住在大学同学小魏和小高租住的房屋内。此房屋中的"万和"牌贮水式电热水器是小魏从别处移机而来，安装在承租房屋的卫生间内。在房屋的使用过程中，因为电表箱跳闸，两人用铜丝代替了保险丝。小冯入住此房屋数日后，在使用电热水器沐浴时不幸触电身亡。

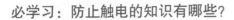

案例思考

1.在不确认是否通电时，能否进行电工作业？

2.能否用铜丝代替保险丝？

预防措施

需注意：引起触电事故原因

触电事故的发生主要是因为设备本身、环境因素还有人为原因等引起的，主要有以下几点：

（1）使用有缺陷的电气设备，触及带电的破旧电线，触及未接地的电气设备及裸露线、开关、保险等。

（2）非电气专业工作人员进行电器维修、更换等操作。

（3）使用者在使用过程中没有引起足够的重视，麻痹大意。

（4）部分电器在使用或者维修时被水浸湿，电通过水导电至人体，事前不易察觉和防范。

（5）雷雨天在躲避不当情况下容易触电。

必学习：防止触电的知识有哪些？

1.遇到触电事故处理

（1）发生触电事故时，在保证救护者本身安全的同时，必须首先设法使触电者迅速脱离电源，然后进行以下抢修工作。

（2）解开妨碍触电者呼吸的紧身衣服。

（3）检查触电者的口腔，清理口腔的黏液，如有假牙，则取下。

（4）立即就地进行抢救，如呼吸停止，采用口对口人工呼吸法抢救，若心脏停止跳动或不规则颤动，可进行人工胸外挤压法抢救。决不能无故中断。

2.施救过程注意事项

不要盲目地用手触碰，防止两人一起被电击，用干燥的绝缘物体将触电者与电源断开。如果非要救人，一定要注意不要用手触碰被电人，至少留有一人呼救并拨打120、110。

补救措施

必掌握：触电后如何施救？

触电急救前，必须了解一些基本常识，急救前工作处理，有下面几点：

（1）触电者脱离电源后神志清醒，但感乏力，心慌，呼吸急促，面色苍白。应将触电者平躺在床板上休息，不要让触电者起身走动。严密观察呼吸和脉搏的变化。如有变化请医生检查。

（2）触电者神志不清，心脏跳动，但呼吸停止或极微弱，应及时用仰额头法使气道开放，并行口对口人工呼吸。

（3）触电者神志丧失、脏跳动停止，但有极微弱的呼吸，应进行心肺复苏急救。

（4）触电者心脏、呼吸均停止时，应立刻进行心肺复苏急救，在搬移或送往医院中仍应进行急救，切勿停止。

学以致用

1．触电时，你该如何自救？

2．若遇他人触电，如何对其进行施救？

第二讲　机械伤害预防

　　有些学生到企业顶岗实习时，没有按规定穿戴劳动防护用品，不遵守安全操作规程，导致发生各种机械伤害事故。那我们到企业顶岗实习时，应该如何遵守安全操作，避免机械伤害事故的发生呢？

案例导入

【案例2-3】戴手套操作机床引发的伤害事故

　　某年某月某日，某企业实习生张某从事线材加工操作。张某双手戴手套，右手拿电源开关盒，左手扶在拉丝机的铜线上。当他接到命令后，右手按动电源开关，拔丝机开始旋转，当张某想把左手从拉丝机上抽出来的时候，由于手套被铜线钩住，一时拿不出来。拔丝机越转越快，张某的胳膊被机器卷进去。

【案例2-4】上班穿拖鞋引发伤害事故

　　某年某月某日下午，在水泥厂实习的学生王某进行装料工作，开机后由于库不下料，于是他手持钢管，站立在螺旋输送机上敲打库底。库下料后，王某准备下来，不料因脚穿泡沫拖鞋，行动不便，重心失稳，乱了方寸的左脚恰好踩进螺旋输送机上部10cm宽的缝隙内，正在运行的机器将其脚和腿绞了进去。旁边的人立即停车并反转盘车，才将王某的腿脚退出，后送医院救治，王某的左腿高位截肢。

1. 能不能在转动的设备上戴手套工作?
2. 工作时穿拖鞋会造成哪些不良后果?

预防措施

需注意:如何避免机械伤害事故的发生?

俗话说:"十起事故,九起违章;安全靠自己,行为要规范。"为防止各类悲剧的发生,就要求我们平时掌握好各种机床的安全操作规程,避免各类安全事故发生,遵守三不伤害原则,即不伤害他人、不伤害自己、不被他人伤害。具体安全注意事项如下:

您的安全
我的心愿

一不伤害他人
二不伤害自己
三不被他人伤害

(1)操作人员必须经过专业培训,持证上岗。严格按照设备的安全操作规程进行操作。

(2)须按规定穿戴劳动防护用品。须穿工作服,戴工作帽,女生的长发要塞在帽子内。不准穿凉鞋、拖鞋;不准赤脚赤膊;不准系领带和围巾,工作时不能戴手套等。

(3)开机前应检查设备中的防护装置是否完好、有效,保险装置、信号装置等必须灵敏可靠,检查机床有无漏电现象等。

(4)操作时刀具和工件须装夹正确、牢固,防止飞出伤人;禁止把工具、量具和工件等放在机器或变速箱上,防止落下伤人;头不能离工件或刀具太近,防止切屑飞溅伤人。

(5)当机器运转时,禁止用手调整或测量工件,需停机才能测量。

(6)机床停止运转前不准接触运动工件、刀具和传动部件,发现设备出现异常情况时,应立即停机检查。

(7)不能直接用手清除切屑时,应使用专用的钩子清除,切勿用手拉。

(8)工作完毕,应将各类手柄扳回到非工作位置,并切断电源和及时清理工作场地的切屑、油污,保持通道畅通。做好机床的维护、保养工作。

必学习：为何会发生机械伤害事故？

现在许多企业、学校广泛使用各种机械设备进行生产加工、教学实训等，也引发了较多事故。经专家分析，88%的安全事故是由人的不安全动作行为造成的，10%的安全事故是由物的不安全状态造成的，只有2%的安全事故是由天灾造成的。所以，只要你学好安全生产知识，遵守安全操作规程，98%的安全事故是可以避免的。

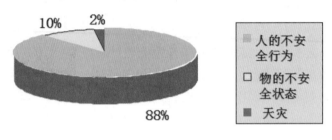

安全事故比例

1. 人的不安全行为

机械加工过程中，人的不安全行为主要有以下几点。

（1）操作时，违反安全规章制度和安全操作规程，未制定相应的安全防护措施。

（2）没有正确佩戴或使用安全防护用品。如未穿工作服，未穿安全鞋，未戴护目镜，未戴工作帽等。

（3）机器在运转时进行加油、修理、检查、测量、调整、清扫、检修等作业。

（4）操作时违规使用非专用工具，或用手代替工具作业。

（5）在有可能发生坠落物、吊装物的地方下冒险通过、停留。

（6）工作时注意力不集中，思想麻痹，擅自离岗，干与本人工作无关的事。

（7）管理者思想上安全意识淡薄，安全法律责任观念不强等。

2.物的不安全状态

机械加工过程中，物的不安全状态主要有以下几点。

（1）机械、电气设备带"病"运转、超负荷运转。

（2）设备、设施、工具、附件有缺陷，设计不当，结构不合安全要求。

（3）防护、保险、警示等装置缺乏或有缺陷。

（4）设备安装不规范，维修保养不标准，使用超期、老化。

补救措施

必掌握：发生机械伤害后如何自救？

1.保持冷静，后检查

发生机械伤害事故后，现场人员不要害怕和慌乱，要保持冷静，迅速对受伤人员进行检查。急救检查应先看神志、呼吸，接着摸脉搏、听心跳，再查瞳孔，有条件者测血压。

2.有效防止损伤加剧

检查局部有无创伤、出血、骨折、畸形等变化，根据伤者的情况，有针对性地采取人工呼吸、心脏按压、止血、包扎、固定等临时应急措施。

3.拨打120急救电话

同时还要让人迅速拨打急救电话，向医疗救护单位求援。医疗急救电话为120，在发生伤害事故后，要迅速及时拨打急救电话。拨打急救电话时，要注意以下问题：在电话中应向医生讲清伤员的确切地点、联系方法（如电话号码）、行驶路线；简要说明伤员的受伤情况、症状等，并询问清楚在救护车到来之前，应该做些什么；派人到路口准备迎候救护人员。

学以致用

1．如何避免机械伤害事故的发生？

2．发生机械伤害后，你该如何自救？

第三讲　职业病防范

口前，健康中国行动推进委员会办公室召开新闻发布会指出，职业健康保护行动将颈椎病、肩周炎、腰背痛、骨质增生、坐骨神经痛列为劳动者个人应当预防的疾病。针对这些目前"并非职业病"的疾病，中国疾病预防控制中心职业卫生与中毒控制所副所长孙新表示，未来或将其列为法定职业病。那我们应该如何做到职业病防范呢？

案例导入

【案例2-5】尘肺病

西北地区一小镇某村是"尘肺病"村，至2016年1月，被查出的100多个尘肺病人中，已有30多人去世。起因是20世纪90年代后，部分村民自发前往矿区务工，长期接触粉尘却没有采取有效防护措施。医疗专家组在普查和义诊中发现，当地农民对于尘肺病的危害及防治知识一无所知，得了病后认为"无法治疗"，很多患者只是苦熬，失去了最佳治疗时机。

【案例2-6】多数出租车司机患有职业病

某市现有出租车5 005辆，出租车司机近万名，其身体健康关系到所有乘客的出行安全。而日前该市总工会、城市客运管理处和医院进行的体检结果显示，各种慢性疾病正在侵害着广大"的哥""的姐"的身体，健康状况着实令人担忧。

每天清晨天还未亮，出租车司机就出了家门，驶向城市的大街小巷。记者了解到，为了多拉一位乘客，绝大多数出租车司机每天的工作时间都在10小时以上，因长期超负荷工作，很多人都患有职业病。"吃饭时间往往是出行高峰期，我们常常忍着胃疼接送乘客到各种餐厅酒店，自己却没有时间吃饭。"马师傅告诉记者："等过了高峰期才匆匆找个饭馆吃饭，一般午饭都要等到下午2时左右才能吃上。"据出租车公司孙主任介绍，因为吃饭不规律，工龄较长的出租车司机大多都有胃病，而且长期在外面吃饭，由于餐厅的饭菜比较油腻，在司机中患高血脂也非常普遍。

另外，80%的出租车运营分为两班倒，白班司机从早晨5时工作到下午5时，夜班司机则从下午5时到次日凌晨两三点。不论是白班还是夜班，出租车司机通常在驾驶室里一坐就是十几个小时，狭小的空间令其长时间保持一种姿势，一天下来，颈椎、腰椎经常疼得让他们睡不着觉。同时，久坐以及经常憋尿还导致男性前列腺疾病和女性妇科疾病多发。张师傅称："有停车位的公厕非常难找，而且经常车上都载有乘客，抽不出上厕所的时间。所以为了减少上厕所次数，我们很多司机在运营过程中都尽量不喝水或少喝水。"

案例思考

1. 尘肺病产生的原因是什么？
2. 为什么多数出租车司机患有职业病？

预防措施

需注意：预防职业病的主要措施有哪些？

（1）改善作业环境，减少职业危害因素对健康的损害。

（2）加强个人劳动保护，定期到职业健康体检中心体检。

（3）用人单位要建立健康档案。

必学习：先了解职业病知识

1.职业病基本知识

职业病是由于职业活动而产生的疾病，但并不是所有在工作中得的病都是职业病，所以我们在从事职业过程中，首先要了解职业病的类型并界定。

2.职业病概念

职业病是指企业、事业单位和个体经济组织等用人单位的劳动者在职业活动中，因接触粉尘、放射性物质和其他有毒、有害物质等因素而引起的疾病。各国法律都有对于职业病预防方面的规定，一般来说，凡是符合法律规定的疾病才能称为职业病。

3.职业病构成四要素

（1）患病主体必须是企业、事业单位或者个体经济组织中的劳动者。

（2）必须是在从事职业活动的过程中产生的。

（3）必须是因接触粉尘、放射性物质和其他有毒有害物质等职业危害因素而引起的。

（4）必须是国家公布的职业病分类和目录所列的职业病。

补救措施

职业病防治工作关系到广大劳动者身体健康和生命安全，关系到经济社会可持续发展，是落实科学发展观和构建社会主义和谐社会的必然要求，是坚持立党为公、执政为民的必然要求，是实现好、维护好、发展好最广大人民根本利益的必然要求。

（1）建立完善的职业卫生保障机制。

（2）按照《职业病防治法》的调整对象，调节我国职业卫生标准体系。

（3）将现有职业病防治信息网络重新整合、整体规划，进一步完善职业病监测体系。

（4）有针对性地开展以尘肺病防治、职业中毒检测检验、诊断、救治、控制、用人单位职业卫生科学管理为中心的科学研究工作，力争突破束缚我国职业病防治工作的颈口，提高我国的职业病防治水平。

（5）按照《突发公共卫生事件应急处理法》要求，建设以国家中毒救治为中心，辐射各级地方的重大职业中毒救治体系，做好各种重大职业中毒的预防和应急救治工作。

（6）建立符合我国国情的工作场所健康促进体系。

学以致用

1．如何防范职业病？

2．职业病构成的四个要素是什么？

求职创业 第三篇

第一讲　熟悉劳动法律

　　现在，我国越来越重视《劳动法》，保障劳动者的合法权益。不少企业因无视《劳动法》，而被员工告上了法庭。我们经常会听到一些关于《劳动法》内容有关的事例在我们身边发生。那我们应该如何认识劳动法律，学会《劳动法》呢？

案例导入

　　【案例3-1】裁人未征求工会意见，被裁定违法解除合同

　　冯某于2008年1月12日进某单位工作，担任后勤维修人员，双方签订无固定期限劳动合同。2013年1月4日该单位以冯某违反《设备定期检修巡查制度》为由，依据其《单位奖惩制度》，作出《关于对冯某违纪问题的处分决定》。同年5月10日，该单位向冯某送达《关于对冯某违纪事件的处理决定》和《解除劳动合同通知书》，决定与冯某解除劳动合同。冯某认为系单位系违法解除劳动合同，遂提出仲裁请求，要求继续履行劳动合同。仲裁委员会审理后认为，依照法律的相关规定，因用人单位做出开除、除名、辞退、解除劳动合同等决定发生的劳动争议，用人单位负举证责任，同时用人单位对其实行的规章制度是经民主程序产生及劳动者对该制度负有举证责任。尤其是，在解除劳动合同前应征求工会的意见。而本案中，用人单位并未征求工会意见。最终，结合本案情况对冯某的仲裁请求予以支持。

　　【案例3-2】办公场所迁至外地，单方解约未输官司

　　刘某于2012年8月13日到某模型公司上班。双方签订三年期劳动合同，合同中未约定工作地点，实际履行地为北京市昌平区某村。2014年7月30日，模型公司厂房的租赁合

同到期，未能继续签订租赁合同，也未在原址附近找到合适的办公场所，最终决定将厂址迁至河北。模型公司将上述情况提前告知刘某，并承诺提供班车住宿等条件，但刘某不同意到新地点继续履行劳动合同。于是模型公司解除了双方的劳动合同，并依法支付刘某解除劳动合同经济补偿金和未提前通知解除劳动合同的代通知金。刘某对此仍然不满意，向仲裁委提出仲裁申请，要求模型公司支付违法解除劳动合同赔偿金。庭审中，模型公司主张，变更地址的背景是公司经营地址的租赁合同到期，并不是主观上故意迁址，且作为变更地址的补救措施，公司给员工提供了班车、住宿等条件，让员工继续履行合同实质上不存在障碍，但是刘某不同意变更劳动合同的履行地，公司不得已和他解除劳动合同，且已依法支付解除劳动合同经济补偿金和代通知金，不同意支付违法解除劳动合同赔偿金。

仲裁委审理后认为，模型公司因厂房租赁合同到期将办公地点从北京昌平迁至河北，与刘某解除劳动合同属于订立劳动合同时所依据的客观情况发生重大变化，致使劳动合同无法继续履行，经用人单位与劳动者协商，未能就变更劳动合同内容达成一致的情形。模型公司已经支付刘某解除劳动合同经济补偿金和代通知金，刘某的仲裁请求没有事实依据，于是驳回了他的仲裁请求。

案例思考

1.作为劳动员工应该如何维权？

2.除了熟悉《劳动法》外，我们还应怎么做？

预防措施

需注意：为何经常发生劳动纠纷？

在工作中为何易发生关于《劳动法》的冲突？造成劳动纠纷有以下一些原因：

（1）因确认劳动关系发生的争议。

（2）因订立、履行、变更、解除和终止劳动合同发生的争议。

（3）因除名、辞退和辞职、离职发生的争议。

（4）因工作时间、休息休假、社会保险、福利、培训以及劳动保护发生的争议。

（5）因劳动报酬、工伤医疗费、经济补偿或者赔偿金等发生的争议。

（6）法律、法规规定的其他劳动争议。

必学习：公司的规章制度跟新《劳动法》有冲突怎么办？

（1）法律对待企业劳动规章制度的原则有三：一是订立程序合法，二是内容不违反法律的强制性规定，三是已经向劳动者公示。只要符合这三项条件，企业的劳动规章制度就具有法律效力，企业与劳动者都应当严格遵守。

（2）按《最高人民法院关于审理劳动争议案件适用法律若干问题的解释》第十九条规定："用人单位根据《劳动法》第四条之规定，通过民主程序制定的规章制度，不违反国家法律、行政法规及政策规定，并已向劳动者公示的，可以作为人民法院审理劳动争议案件的依据。"

（3）按照上述规定，如果单位没有相关的管理制度，或者管理制度带有强制性的规定，订立程序也不一定合法，也就是说，没有经职工代表审议通过。所以规章制度本身就不合法，劳动者就可以不执行。

所以当二者冲突时应以《劳动法》或者《劳动法》的基本原则为准。

补救措施

必掌握：如何通过劳动法维护权益？

1.常见劳动纠纷形式

（1）用人单位违反录用和招聘职工规定的。如招用童工、收取风险抵押金、扣押身份证件等。

（2）用人单位违反有关劳动合同规定的。如拒不签订劳动合同，违法解除劳动合同，解除劳动合同后不按国家规定支付经济补偿金，国有企业终止劳动合同后不按规定支付生活补助费等。

（3）用人单位违反《女职工劳动保护特别规定》的。如安排女职工从事国家规定的禁忌劳动等。

（4）用人单位违反工作时间和休息休假规定的。如超时加班加点、强迫加班加点、不依法安排

劳动者休假等。

（5）用人单位违反工资支付规定的。如克扣或无故拖欠工资、拒不支付加班加点工资、拒不遵守最低工资保障制度规定等。

（6）用人单位制定的劳动规章制度违反法律法规规定的。如用人单位规章制度规定劳动者不参加工伤保险，工伤责任由劳动者自负等。

（7）用人单位违反社会保险规定的。如不依法为劳动者参加社会保险和缴纳社会保险费，不依法支付工伤保险待遇等。

（8）未经工商部门登记的非法用工主体违反劳动保障法律法规，侵害劳动者合法权益的。

2.劳动纠纷主要解决途径

（1）协商程序。

协商是指劳动者与用人单位就争议的问题直接进行协商，寻找纠纷解决的具体方案。与其他纠纷不同的是，劳动争议的当事人一方为单位，一方为单位职工，因双方已经发生一定的劳动关系而使彼此之间相互有所了解。双方发生纠纷后最好先协商，通过自愿达成协议来消除隔阂。实践中，职工与单位经过协商达成一致而解决纠纷的情况非常多，效果很好。但是，协商程序不是处理劳动争议的必经程序。双方可以协商，也可以不协商，完全出于自愿，任何人都不能强迫。

（2）申请调解。

调解程序是指劳动纠纷的一方当事人就已经发生的劳动纠纷向劳动仲裁争议调解委员会申请调解的程序。根据《劳动法》规定：在用人单位内，可以设立劳动争议调解委员会负责调解本单位的劳动争议。调解委员会委员由单位代表、职工代表和工会代表组成。一般具有法律知识、政策水平和实际工作能力，又了解本单位具体情况，有利于解决纠纷。除因签订、履行集体劳动合同发生的争议外均可由本企业劳动争议调解委员会调解。但是，与协商程序一样，调解程序也由当事人自愿选择，且调解协议也不具有强制执行力，如果一方反悔，同样可以向仲裁机构申请仲裁。

（3）仲裁程序。

仲裁程序是劳动纠纷的一方当事人将纠纷提交劳动争议仲裁委员会进行处理的程序。该程序既具有劳动争议调解灵活、快捷的特点，又具有强制执行的效力，是解决劳动纠纷的重要手段。劳动争议仲裁委员会是国家授权、依法独立处理劳动争议案件的专门机构。申请劳动仲裁是解决劳动争议的选择程序之一，也是提起诉讼的前置程序，即如果想提起诉讼打劳动官司，必须要经过仲裁程序，不能直接向人民法院起诉。

（4）诉讼程序。

根据《劳动法》第八十三条规定："劳动争议当事人对仲裁裁决不服的，可以自收到仲裁裁决书

之日起15日内向人民法院提起诉讼。一方当事人在法定期限内不起诉，又不履行仲裁裁决的，另一方当事人可以申请人民法院强制执行。"诉讼程序即我们平常所说的打官司。诉讼程序的启动是由不服劳动争议仲裁委员会裁决的一方当事人向人民法院提起诉讼后启动的程序。诉讼程序具有较强的法律性、程序性，作出的判决也具有强制执行力。

学以致用

1. 当公司制度与《劳动法》产生冲突时，你该如何应对？
2. 若遇劳动矛盾纠纷，可以通过哪些途径解决？

第二讲　警惕求职陷阱

炎炎夏日，是一年一度的毕业生踏上社会寻找工作的日子，不少人会因为急于找到一份工作谋生，而被不法分子钻了空档。那我们应该如何提高警惕、预防求职陷阱呢?

案例导入

【案例3-3】中介与医院成"联档模式"，一条龙骗取"体检费"

在某市中心有不少"辉华贸易公司"张贴的职业介绍和招工广告，招聘的工种包括"经理助理、销售业务员"等，最低月薪1 500元，还包吃住。2020年年初，有记者假扮成求职者暗访了这家位于城乡接合部的辉华公司。公司的办公条件十分简陋，在约10平方米的房间里，只有两张办公桌、一部电话、一台电脑，没有营业执照。一位自称是廖经理的人要求记者填写表格并开了一张到××医院体检的公函。当记者提出到该市第一人民医院体检时，廖经理一口回绝，说只承认××医院体检科的检验报告。记者来到××医院体检科，现场有很多人在排队体检。他们自称都是看到广告前去应聘的，每人都按要求交了86元的体检费。三天后，记者拿到了体检结果。一向身体健康的记者，体检单却显示得了"大三阳"（慢性肝炎）。记者粗略统计了一下，现场40多名应聘者的体检单上竟有八成患有"大、小三阳"。在随后的两个星期里，记者多次打电话到该公司询问结果，得到的都是"把身体养好了再上班"的答复。据知情人士介绍，"体检费"已被中介和医院瓜分，求职者永远无法上岗。

【案例3-4】中介设"试用期"陷阱，应聘者白白为别人打工

管理专科毕业的大学生小李是通过一家中介公司获得某公司招聘信息的。简历投出

后，得到了公司的面试机会。面试非常顺利，面谈没几分钟就转入了正题，交押金300元，培训费100元。之后便开始接受公司的"培训"。培训无任何培训资料，只是培训教师在快速宣读讲义，小李等一批应聘者拼命记录，时间也就只有1小时。培训结束后，便进入销售考核阶段。公司要求每位应聘者完成一定金额的公司产品销售任务。在这期间，公司不要求他们到公司报到，只是在销售产品时再打电话到公司订货。

销售工作完成后，公司通知小李参加理论考试。在笔试之前，小李曾三番五次地向公司人员打听考核范围，都被告知以产品价目表和产品手册内容为主。上了考场，没想到考试内容很偏且多是些模棱两可的脑筋急转弯之类的题目，与企业产品全然无关。结果10余个应聘者包括小李在内都没有通过。而在考试之前，公司就将小李等十几个应聘者的实习工作证全收了回去。事后，小李从一位知情人处得知，公司产品销路甚差，只好通过这种方式来敛财，上当的人已经有好几批，一次次交押金根本要不回来。

案例思考

1.除了谨慎求职外，还有哪些方面需要注意？

2.如何识别中介设"试用期"陷阱？

预防措施

需注意：为何求职被骗事故频发？

为何求职被骗事故频发？造成求职被骗的原因主要有哪些因素？

（1）思想单纯，防范意识较差。学生从小到大一直在学校里读书，社会生活经验少，思想单纯，分辨是非能力较差。骗子利用学生急于找到工作的心理，结果大家疏于防范，落入骗子设下的圈套。

（2）贪小便宜，急功近利。贪心是受骗者最大的心理缺点。很多骗子公司之所以屡屡得手，很大程度上是利用了人们的贪心等非分之想。一些同学往往为骗子公司所开的"好处""利益"所吸引，不加深入分析，不作调查研究，自认为是用最小的代价获取最大的利益，结果却"鸡飞蛋打"或"捡了芝麻，丢了西瓜"。

必学习：求职防骗哪"十不要"？

（1）不要缴纳任何费用。

（2）不要上交身份证。

（3）不要相信街头小广告。

（4）不要去要求过低的公司。

（5）不要相信薪资高得离谱的公司。

（6）不要轻易相信职介所。

（7）不要去地址偏远地方面试。

（8）不要参加地点是在临时场所的面试。

（9）不要轻易相信主动找上门的公司。

（10）不要轻易相信只有手机单一联系方式。

补救措施

必掌握：求职受骗后如何维权？

　　找工作一旦发觉上当受骗，要及时向招聘单位所在地的人事局、劳动监察大队或公安派出所报案，寻求法律保护。但由于劳务诈骗往往涉及公安、工商、劳动、人事等部门，求职者应该根据情况选择最有效的投诉部门。

　　（1）若被投诉对象为合法机构，求职者可以找劳动部门；若被投诉方为无证无照经营的职介公司，求职者可以同时投诉到工商、劳动部门。

　　（2）若求职受骗情况特别严重，诈骗金额大，可以到公安部门进行报案。

　　（3）合法职业中介机构持有《职业介绍许可证》《营业执照》《收费许可证》等合法证照。如遇到无证或证照不全的"黑职介"，应及时向相关劳动部门或工商部门反映。劳动部门可根据有关管理条例进行处罚，所收职介费可退还受骗者。如果职介机构收取一定职介费用后"立马消失"的，则属于明显欺诈行为，可向公安机关报案。

　　（4）如果求职者被骗传销后，第一时间选择报警，并尽可能多地保留证据，提供给公安机关；如发现身边亲人进入传销后，一定要了解传销组织的形式和内容，掌握一些符合传销的条件和及时向当地部门报警。

1．求职过程中如何防止被骗？
2．求职受骗后如何维权？

第三讲　规避创业风险

市场经济条件下，创业总是有风险的，不敢承担风险，就难以求得发展。关键是创业者要树立风险意识，在经营活动中尽可能预防风险、降低风险、规避风险。

案例导入

【案例3-5】创业条件分析不足，创业失败

2007届毕业生小黄曾参加了当地市政府举行的全市落实创业政策恳谈会。会上，他一道出自己想建立一个学生求职网站的想法就得到了市长的赞赏和支持。在市长的鼓励下，这个充满了创业激情的小伙子迅速完善了先前酝酿许久的创业计划书、架构起未来网站的基本框架。但一个绕不开的问题是，由于自己并不会写电脑程序，网站的建立必须由专业的技术人员来完成，这名技术核心人物在哪里？苦苦找寻数月无果，小黄只好暂时收起创业梦想，先找份工作，给别人打工。

【案例3-6】创业初期遭失败，锲而不舍终成功

吴限在大学毕业后，先后换了七个工作岗位，都感觉不是自己想要做的事，最后他决定自主创业。他开始选择的项目是开办一个电子商务网站"全球制造商"。虽然这个项目是他喜欢的，但这时的他，一无资金二无技术，亲戚和朋友也没有可以帮助他的人，何况当时已经有了马云的阿里巴巴网站，最初的困难可想而知。他开始利用电话黄页上的信息，对上边登记有电话和地址的公司进行地毯式宣传和推销，几个下来，不仅没拉到一个VIP客户，反而因房租和员工工资、网站运营欠了一屁股债。这时候，

好多人劝他放弃，但他坚持要做下去。为了争取浩博公司这个大客户，他一次次登门，一次次被拒绝，最后他争取到一个给这家公司的管理层讲课的机会，对方说，如果他的课可以打动在座的管理者，他就可以拿到这个合作机会。但是，在他讲课的时候，参加听课的人竟然有的睡着了。面对这样的挫折，公司的员工也劝他放弃努力，但是，吴限再次分析了失败的原因，又在众人的反对声中，去说服这家公司。最后吴限锲而不舍的精神终于打动了浩博公司的老总，成为全球制造网第一个VIP用户，仅仅浩博公司一家，一年的订单就有480万元。正是吴限的不放弃，使他最后成为创业赢家。

案例思考

1.学生毕业是先就业还是先创业？
2.创业需要具备哪些条件？

预防措施

需注意：初次创业为何易失败？

初次创业为何易失败?造成创业失败的因素是什么?

（1）没有用户就开始算计收入这是大多数初创公司失败的最大原因。

（2）眼界太小（受众定位错误），开发一款不面向大众的产品。

（3）聘用了平庸的人，你的产品和服务质量取决于你所雇用的人——开发者、运营人员和销售人员等。

（4）适应不了变化，很多初创公司失败是因为无法适应变幻莫测的市场和用户的需求。

（5）没有合理的营销手段。

必学习：如何规避创业风险？

（1）充分调研，谨慎上马。无论是拥有高新尖端技术还是获得政府强有力的支持，开展一项投资创业，不能想当然凭意气用事，必须做好充分的市场调查和对项目前景认真分析，在多次论证确定无误的基础上再进行。

（2）应对预案。信息时代外部环境不断变化，机遇稍纵即逝，在对创业项目进行充分论证后，对于创业后出现的风险要有正确的评估，对于可能出现的问题，要有应对措施。

（3）加强内部控制。大到万人工厂，小到一两人的便利店，进行创业时必须要建立机制，加强对内部控制。

（4）风险分担。投资创业是一套系统工程，有条件的情况下，可以采用逐步扩大或者分散投资的方法，将鸡蛋放在几个篮子中，降低风险。

（5）诚实经营，防范信用风险。无论古今中外，诚实守信都是投资创业必需的品质，在追求短期利益的基础上，要照顾长期发展，防范信用缺失带来的销售或者资金链条方面的风险。

（6）依法创业。法律是国家和社会对投资创业规范的准绳，创业必须在法律的框架内进行，一方面是创业本身，另一方面与他人的协议、合作、融资等等行为，都要依法进行。

补救措施

必掌握：初次创业失败，如何正确处理？

（1）创业失败后，首先应该对创业公司的财务状况，进行统计处理。

（2）欠公司股东的钱款，要尽量想办法补偿，一时解决不了，也要发声明，求得股东们的谅解。

（3）如果欠银行贷款，到期要偿还，该变卖房子和车子也不要犹豫，解决燃眉之急才是重要的。

（4）创业失败后，可能会一时没有生活来源，该打工还是要去打工，先解决眼前生活。

（5）调整好心态，多看一些书，多总结失败的经验，重振自信心。

（6）充实自己，待困境过后，又发现新的商机，有条件可以继续创业，以求东山再起。

学以致用

1．创业时失败了，你该如何正确处理？
2．如何规避创业风险？

第四讲　防范非法传销

近年来，学生参与传销的案例层出不穷。新型传销披上了电子商务、金融投资等外衣，其活动愈发隐蔽化、信息化，缺乏相应防范知识的学生极易落入传销分子陷阱。

案例导入

【案例3-7】求职心切，险入传销组织

2019年某日，正在某单位实习即将毕业的学生李某与原初中同学张某外出吃饭，张某利用其即将毕业、求职心切心理，以介绍工作为名，将李某骗到某市一个偏僻乡村，以学习网络直销知识、参加入职考试为由限制了李某行动，电话也被控制，无法随意接打电话，并且有人跟随监视。此时李某意识到可能陷入了传销。当实习辅导员与李某宿舍同学发现其未按时返回单位时，数十次给李某打电话，发现其语气与往常有异，怀疑其可能遇到危险，严厉警告李某身边人员校方已报警，要求立刻将其安全送回。另外，辅导员通过李某家长联系到张某父亲，说明了情况，张某父亲事先并不知道儿子进入传销组织，在得知事情真相后开始不断联系张某，要求他马上把李某送回，张某因家里压力发生动摇。加上李某回校意志坚定，不肯妥协，传销组织人员迫于压力不得不将李某送至火车站，放其返回。

【案例3-8】进京打工入传销，有惊无险

因为过年晚，2015年的这个寒假被网友称为"最长假期"，长达近两个月的时间，让不少大学生动了打工的念头，宁夏某高校的小蔡就是其中的一位。快放假前，小蔡和高中同学聊天时，对方热情地邀他到北京，说："有个养殖基地，可以卖鲜花、绿化苗木挣钱。"小蔡之前听过被骗入传销的事，但因为是认识的人，再加上"以前听说传销不让用手机，通信工具全没收，而我同学手机、QQ都用着呢"。就这样，1月12日，有过一丝疑虑的他最终坐上了开往北京的火车。第二天，小蔡到北京西站后，他的高

中同学和另一位年轻人过来接站，随后，坐了几个小时的地铁、公交车和大巴后，小蔡来到了一个"小县城"。"两室一厅的房间里，住了七男四女，都是年轻人。"当天下午，大家坐在一起上课，小蔡这时心里笃定，自己进了传销组织。后来几天，小蔡一直伺机逃跑，不过，让他意想不到的是，这个传销组织不但没有没收他的任何东西，而且出入自由，原本还筹划着如何逃跑的小蔡顿时松了一口气。18日上午，小蔡和其他传销人员外出吃完早餐后，趁对方不注意，一撒腿上了辆电动三轮车，成功逃了出来。

案例思考

1. 险入传销组织后该怎么办？
2. 如果遇到非法传销我们应该怎么做？

预防措施

需注意：为何传销事故易频发？

为什么传销事故屡见不鲜呢？造成传销事故频发的因素是哪些？

（1）虚夸传销致富捷径，"一夜暴富"颇具诱惑性。按照传销组织内部人的说法，加入传销，一个人从穷光蛋到百万富翁最慢只要一年多时间。

（2）以传销为就业的新门路。传销活动之所以盛行，就是利用了当前就业难的困境，投机取巧，以"高收入""好工作"为诱饵，骗取无业人员的信任。特别是学生，刚步入社会，对生活充满激情，急于实现人生价值，却因社会阅历浅，易上当受骗，甚至执迷不悟，甘愿陷入传销歧途。

（3）以"直销"为幌子进行非法传销。当前传销和变相传销的欺骗性和隐蔽性很强，既以经济利益、快速致富或高额回报作诱饵，又以所谓的"直销""科学营销"等加以伪装并大势宣扬"合法"。

（4）打击犯罪存在困难。关键是取证难。传销活动上线人员取得非法所得后，立即将非法所得转移，使在追缴非法所得上造成了巨大的困难。

必学习：学生如何预防传销骗局？

（1）传销的骗局。诈骗学生采用的手段通常是熟人介绍工作或者通过招聘网站进行招聘，无论哪种方式都有统一的特点就是赚钱特别容易，而且能赚到大钱。

（2）学生一定要学会辨别真伪，当有人给你介绍工作的时候，即便是相识很久的亲人或者朋友，也要问清楚工作的具体内容，工作的具体地点以及公司的属性。我们事先可以通过网络去查证，看是否存在这样的一个公司，工作的地点是否与介绍人说的一致。

（3）如果工作的地点含糊不清或者十分偏僻，建议这样的工作还是不要去了，因为就算是真的，工作环境十分恶劣，也不会有什么太大的发展，所以一定要遵循客观的发展规律，不要轻易上当。

（4）招聘网站上的信息五花八门，很多岗位比同行业的岗位的薪资高出很多而且对录用人员的要求十分低，那么这样的工作我们还是要绕道，因为这样不切实际的工作是不存在的。天下没有掉馅饼的好事。

（5）目前有很多交友网站也是一样的，出现了传销诈骗。任何事情都要以客观事实为基础，一定不能够盲目相信，只有通过自己的调查和分析才能知道事情的真假，所以学生在走出校门的时候，学校要进行学生防传销的培训工作，便显得尤为重要。

（6）在社会上也要让大家重视起来，发现传销组织立即举报，不让传销蔓延，不让传销毁坏一个又一个的家庭，希望同学们在做任何选择的时候都要多分析，都要走正规渠道，只有这样才能不被传销所害。

补救措施

必掌握：被骗后如何施救？

（1）不信。在你还没有脱离出去之前，他们肯定会带你进行了解，这个时候你千万不要被洗脑了。不论对方说什么都不要相信，这就是一个洗脑过程，他们会以很多存在的内容，去佐证传销的合理化、正规化，以断章取义的讲话去让你相信，这个时候如果你意志不坚定，就很容易被洗脑。所以，坚持内心的想法，而且传销就是骗人拉人头的，肯定赚不到钱。

（2）不急。有些人可能对传销比较敏感，被人骗到传销组织后，情绪非常激动，跟传销人员进行语言冲突，甚至最后上升到肢体冲突，为了避免自身安全受到影响，一定不要着急。对方讲什么内容，都可以假意表示理解或者装作听不懂，没有办法理解都可以。对方或许觉得你这个脑子不开窍，没有共同语言就把你放弃了。

（3）找机会报警或者呼救。在不限制你人身自由的情况下，路过一些人多的地方，或者街上有巡查人员，这个时候你就可以乘其不备，跑过去进行报警，或者向路上呼救。但是这个举动之前，一定先脱离出传销人员的距离，以备对方对于你的行为感到内心不满，对你进行伤害。如果你的手机并没有脱离你，那么也可以通过微信、短信等方式给你的家人朋友进行通报情况，发布定位，让对方报警。

不论怎么样，被骗到传销组织，学会保护自己人身安全是最主要的，其次想方设法逃离。传销组织其实离我们很近，如果我们仔细打听，身边其实很多人都经历过传销。还有一些朋友以前觉得传销离自己很远，当突然发生在自己亲人身上的时候，才恍然大悟。所以，多了解一些反传销知识，做到心里有数，就算遇到传销了，也不会慌张。

学以致用

1．如不小心进入传销组织，你该如何自救？

2．若你的同学被骗进入传销组织，该如何对他进行帮助？

参考文献

[1] 徐晓光，胡桂兰. 职校生安全教育知识读本[M]. 北京：机械工业出版社，2011.

[2] 胡桂兰，徐晓光. 机械工安全知识读本[M]. 北京：机械工业出版社，2010.

[3] 王建林. 校园安全教育读本 [M]. 北京：中国人民大学出版社，2019.

[4] 罗京红. 安全教育读本 [M]. 北京：电子工业出版社，2016.

[5] 赵仕民，洪传胜，陈小强. 中职生安全教育读本[M]. 重庆：重庆大学出版社，2015.

[6] 胡德刚，周惠娟，谭世杰. 中职生安全教育[M]. 北京：清华大学出版社，2016.

[7] 刘天悦，肖泽亮. 中职生安全教育读本 [M]. 北京：中国人民大学出版社，2020.

[8] 刘世峰，贾书堂. 中职生安全教育读本 [M]. 北京：中国人民大学出版社，2015.

[9] 凌志杰，江彩. 安全教育读本 [M]. 北京：人民邮电出版社，2019.

[10] 程宝山. 怎样做一个职校生[M]. 杭州：浙江教育出版社，2007.

[11] 孙柏枫，刘佳男. 大学生安全教育[M]. 北京：高等教育出版社，2008.

[12] 李峥嵘. 大学生安全知识读本[M]. 西安：西安交通大学出版社，2007.